樹木葬和尚の自然再生

久保川イーハトーブ世界への誘い

千坂嵃峰
◉Genpou Chisaka

地人書館

はじめに――満十年を経た知勝院樹木葬墓地と久保川イーハトーブ世界

春。木々が瑞々しい若葉を湛えた明るい森林のなかでは、ヤマツツジが満開。さらに足元を見るとキンランやギンラン、ヒトリシズカ、サクラソウといった山野草が、競うように花を咲かせ、水辺の木の枝には、モリアオガエルの泡に包まれた卵が産み付けられています。もう少ししたら、モートンイトトンボやキイトトンボが、その繊細な姿を水辺に見せてくれるでしょう。今ではなかなか見られなくなった、日本が世界に誇るべき美しい里山の景観と生物多様性が、ここにはあります。そしてその土の下には、たくさんの仏さまが眠っているのです。

一九九九（平成一一）年、岩手県一関《いちのせき》市の祥雲寺《しょううんじ》住職である私が発案し、実践を始めた樹《じゅ》木葬《もくそう》墓地が、早いもので満十年を過ぎました。現在は、祥雲寺子院《しいん》の知勝院《ちしょういん》（私が祥雲寺とともに住職を兼務しています）の墓地となっており、契約者は千六百人を超えます。

この知勝院樹木葬墓地は、地域の里山景観や生物多様性を守り後世に伝えるという主旨のもとで、墓地として許可された里山に直接遺骨を埋葬するものです。多くの生命が共生する里山は、人々に安らぎ感を与えてくれます。樹木葬のねらいのひとつは、埋葬される方やご遺族、そして地域の人々に「安らかな世界＝生物多様性に富む里山」を提供することにあるのです。

この「里山を守る」というねらいの実現のために、私は、須川岳《すかわだけ》（別称：栗駒山《くりこまやま》）を水源とする磐井川《いわいがわ》の最大の支流である久保川《くぼかわ》流域に、水源の森、自然再生の森、知勝院境内地、自然体験研修林、リバートレッキング出発点のクラムボン広場と、合わせて約三十万平方メートルの里山を保有し、自然再生活動と自然を活かした地域づくりを行っています。もとは放置され荒れていた里山でしたが、少しずつ手を入れていくことで、美しい里山に生まれ変わってきています。樹木葬墓地も、この久保川流域の一部なのです。

ところで、この樹木葬はホームページだけのPRにもかかわらず、当初から、大いにマスコミの脚光を浴びました。しかし、その報道は「新奇なもの」「珍しいもの」としての面のみにスポットが当てられることが多く、なかなか、私が本来目指している久保川流域の生態系保全や地域づくりの意図は理解されず、取り上げてもらえませんでした。また、墓石を用いずに樹木を植えるといった手法だけが真似され、単に樹木を植え、その周りに納骨するだけの記念樹型集合墓のようなものが、樹木葬の一種として売り出されています。私の始めた樹木葬とは全く理念の異なる墓地が、樹木葬墓地と名乗っていることに困惑しているのですが、「樹木葬」という言葉が普通名詞になっている以上、異議申し立てをするわけにはいきません。

特にこの数年、秋川雅史《あきかわまさふみ》さんの歌う『千の風になって』のヒットや、映画『おくりびと』ブームなどから、葬儀やお墓への関心が高まり、樹木葬がマスコミに登場する機会も増えました。しかし、そこで報道されるのは案の定、「亜流」の樹木葬ばかりで、本来の理念のかけらもありません。実際、昨年の夏も、私は複数の週刊誌から取材の申し込みを受けましたが、「亜流」の樹木葬と一緒に扱われるのが耐えられず、いっさいお断りしました。そして、「もう、だまってはいられない、今一度、樹木葬本来の理念を世の中に発信しなければならない」という思いを強くしました。

しかし、悪いことばかりでもありません。二〇〇九年は、うれしいニュースから始まりました。一月、朝日新聞社と森林文化協会主催による「にほんの里一〇〇選」のひとつとして、久保川流域内の「萩荘《はぎしょう》・厳美《げんび》の農村部」が選定されました。この地域の景観が、日本人が誇るべき里山景観として認められたわけです。私たちの地道な活動が実を結びつつあることを感じました。

さらには、東京大学大学院農学生命科学研究科保全生態学研究室（鷲谷いづみ教授）の調査によって、この地域に希少な動植物を含む豊かな生物多様性が残されていることが科学的に実証されつつあります。

一方、近年、この久保川流域の生物多様性にも、危機が迫ってきています。化学肥料や農薬の使用などの影響によって、在来の水生生物が減少しつつあります。また、里山の経済的価値が失われたことによって、人の手が入らなくなり、サクラソウ、サギソウ、キンラン、ミズミソウといった山野草の絶滅が危惧されています。さらには、セイタカアワダチソウやオオハンゴンソウ、ウシガエルといった外来生物の侵入による影響も顕著になってきました。

そこで私は、二〇〇九（平成二一）年五月、久保川流域の生物多様性を脅かしている要因を取り除くことで、積極的に生物多様性を再生し、恵み豊かな里地・里山の自然を次世代に引き継ぐことを目標とした「久保川イーハトーブ自然再生協議会」を誕生させました。この協議会は、自然再生推進法に基づく法定協議会であり、私が立ち上げた市民団体「久保川イーハトーブ自然再生研究所」と知勝院、そして東京大学大学院農学生命科学研究科保全生態学研究室を中心とした、多くの方による協働によって、久保川流域の自然再生を図っていくこととしています。

「久保川イーハトーブ」の名の由来は、もちろん宮沢賢治《みやざわけんじ》から来ています。岩手県の偉大な先達である宮沢賢治は、理想とした世界を「イーハトーブ」と名づけました。知勝院ではそれにならい、久保川流域の美しい景観や生物多様性、そしてそれらを育んできた暮らしの残されているこの地域を「久保川イーハトーブ」と命名することにしたのです。単に地域内の希少な生物を守るためだけの活動ではありません。日本の里山景観や里山文化の代表として世界に発信できるような里山づくり、地域づくりに取り組もうというものなのです。

そして、本書の原稿の最後の取りまとめをしていた昨年末、またうれしいニュースが飛び込んできました。一二月一日、「久保川イーハトーブ世界自然再生事業」が、日本ユネスコ協会連盟の「第一回プロジェクト未来遺産」に登録されたのです。二〇〇九〜二〇一一年のプロジェクト未来遺産の重要テーマは「危機にある遺産」と「生物多様性」です。久保川流域の豊かな生物多様性と里地里山が評価されたことへの喜びと同時に、後世に引き継いでいかねばならない使命を強く感じました。

私は、樹木葬十年の節目にあたり、「にほんの里一〇〇選」の選定や「久保川イーハトーブ自然再生協議会」の設立、そして「プロジェクト未来遺産」への登録をきっかけとして、今一度、樹木葬本来の理念を明確に伝えるとともに、多くの皆さんに久保川イーハトーブ世界の素晴らしい里山景観や生物多様性、そして、それらを保全・再生するための知勝院の活動や考え方を知っていただきたいと考え、この本を出版することといたしました。折りしも、二〇一〇（平成二二）年は国連の定めた「国際生物多様性年」。「生物多様性条約第一〇回締約国会議（ＣＯＰ10）」が名古屋で開催されることもあって、皆さんの生物多様性への関心も高まっていることと思います。

この本が、全国で里山や生物多様性の保全、地域づくりに取り組んでおられる皆さんにとって、少しでも参考になれば幸いです。そして、樹木葬に興味関心を持っている方々には、樹木葬の真の意味とその姿を理解してほしいと思います。また、この本を読んでくださった皆さんが、ひとりでも多く、久保川イーハトーブ世界のファンになっていただけることを願っています。

＊知勝院樹木葬ホームページ
http://www.jumokuso.or.jp/
＊久保川イーハトーブ自然再生研究所ホームページ
http://www.jumokuso.or.jp/kubokawa/

樹木葬和尚の自然再生

久保川イーハトーブ世界への誘い——目次

第三章　寺の和尚が自然再生活動を行うわけ

第四章　気づきと人の縁で深まる自然再生の取り組み

第五章　久保川イーハトーブ世界の生物多様性と迫り来る危機

特別寄稿　久保川イーハトーブ世界の生物多様性の保全・再生　鷲谷いづみ

第六章　久保川イーハトーブ自然再生事業と地域づくりのこれから

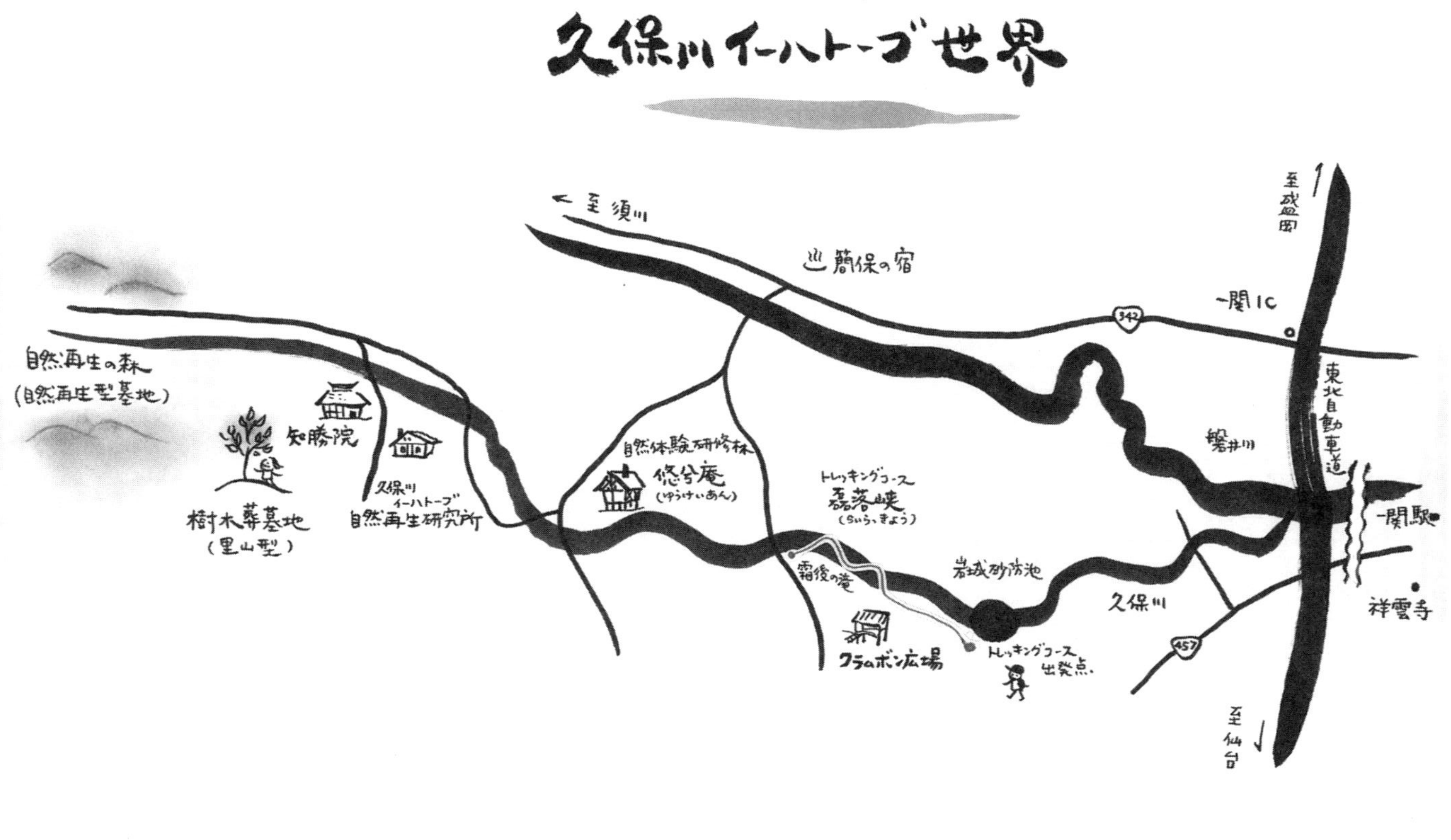
久保川イーハトーブ世界
← 至 須川
巡 簡保の宿
至盛岡
一関IC
342
東北自動車道
磐井川
一関駅
祥雲寺
至仙台
457
久保川
岩城砂防池
トレッキングコース出発点
クラムボン広場
霜後の滝
トレッキングコース
磊落峡
(らいらっきょう)
自然体験研修林
悠兮庵
(ゆうけいあん)
久保川
イーハトーブ
自然再生研究所
知勝院
樹木葬墓地
(里山型)
自然再生の森
(自然再生型墓地)

樹木葬関係図

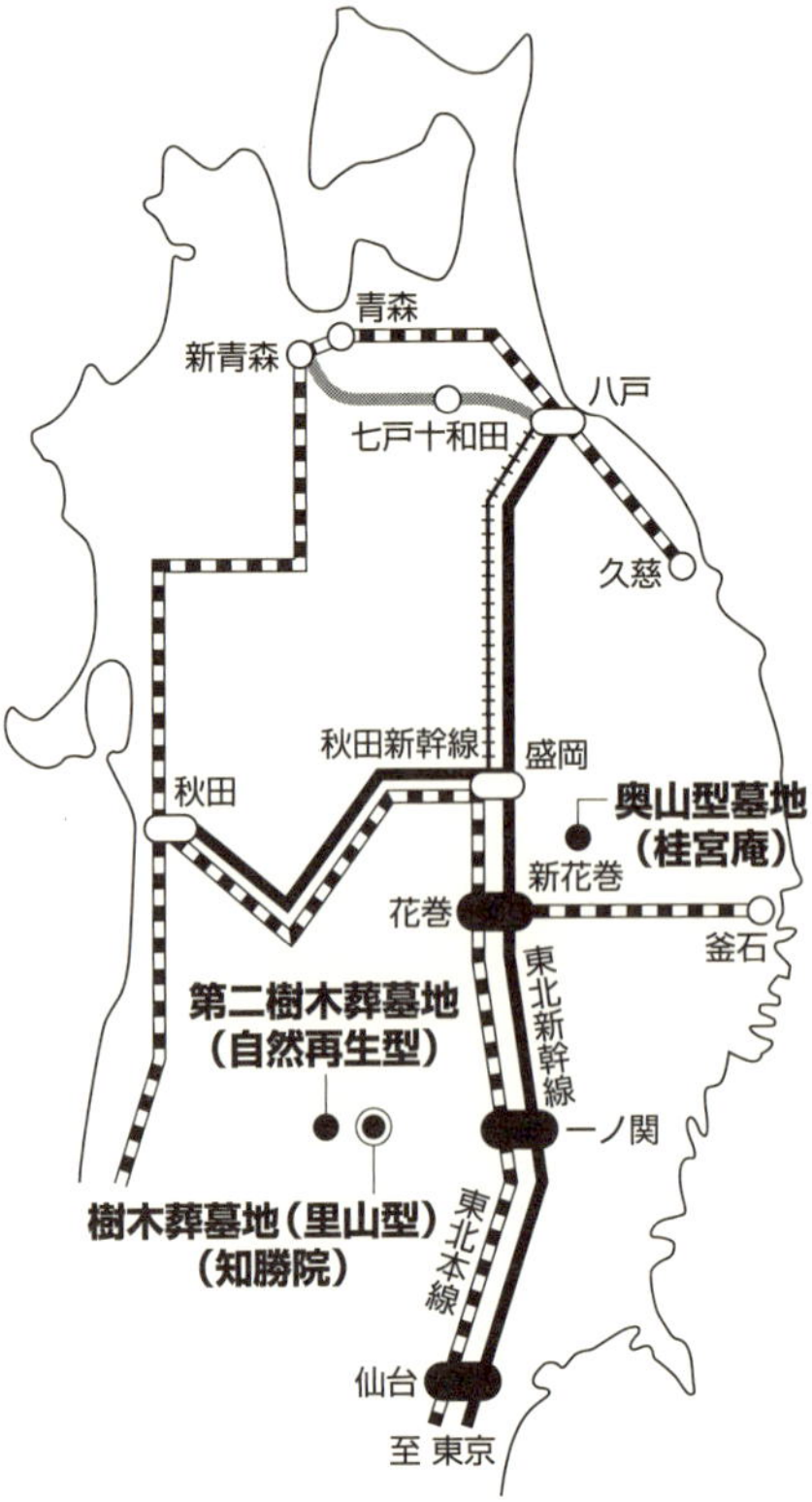

●樹木葬に関する問い合わせは下記まで

〒021-0102　岩手県一関市萩荘字栃倉73-193
知勝院
電話 0191-29-3066　FAX 0191-29-3067
URL　http://www.jumokuso.or.jp/

岩手県一関市久保川流域。
心地よい光が差し込み、
生き物たちの息吹が間近に感じられる森がある。
実は、この森には、
数多くの遺骨が眠っているのだ。

里山と共生する墓地「知勝院樹木葬墓地」

この墓地では、里山に直接遺骨を埋葬し、
墓石の代わりに地域の環境に合った樹木が植えられる。
埋葬された仏たちは、やがて花へと生まれ変わり、
多様な命に満ちあふれた安らかな世界＝里山の一員となっていく。

樹木葬墓地入り口

墓地内にある土屋根の四阿。間伐材でつくられている

墓地内の植物

シュンラン

ツリバナ

ホツツジ

美しく整備された樹木葬墓地に咲くシラヤマギク。もともとは、管理放棄され荒廃していた里山であった

埋葬後に読経する著者と遺族

墓石の代わりに植えられたヤマツツジ（右）とナツハゼ（左）

溜め池と雑木林、水田が織りなす久保川イーハトーブ世界

豊かな自然と、そこに暮らす多様な生き物たち。
それらに負担をかけることなく、穏やかに関わる人々の暮らし。
かつて宮沢賢治は、そのような理想郷を「イーハトーブ」と名づけた。
久保川流域は、現在に残された「イーハトーブ」と言えるのではないだろうか。

棚田と雑木林。この地を特徴づける景観である

久保川流域とその近郊には、大小取り混ぜ1000以上の溜め池が存在すると言われている

メダカ

ギバチ

農薬などで汚染されることのない溜め池には希少な動植物が見られる

コオイムシ

バイカモ

久保川イーハトーブ世界の四季

春

春を真っ先に告げるのは、
里山の林床や水辺に可憐に咲く、
スプリング・エフェメラルたち。
やがて低木や高木も目を覚まし、
爛漫な春へと変わっていく。

ミスミソウ

ヒトリシズカ

ヤマルリソウ

オウレン

ヤマツツジ

棚田の畦に広がる湿地性植物群落。約100mの畦に200種以上が見られるところもある

ショウジョウバカマ

クリンソウ

キンラン

ササバギンラン

久保川イーハトーブ世界の四季

夏

夏は、ニッコウキスゲの黄色に始まる。
カエルたちの声が冴え渡る梅雨を過ぎれば、
濃い緑にまぶしいほどの白が映える盛夏へ。

サギソウ

ホウチャクソウ

ネジバナ

カキラン

オゼイトトンボ

ハッチョウトンボ

ニッコウキスゲ

オカトラノオ

ニホンアマガエル

チダケサシ

朝晩の冷え込みを感じる頃、実りの秋が訪れる

アキノキリンソウ(左)と
センブリ(右)

キキョウ

リンドウ

久保川イーハトーブ世界の四季

秋冬

秋、久保川イーハトーブ世界の色は青や紫へ変わり、
しっとりと艶やかな雰囲気を醸し出す。
そして静寂の冬へ。
しかし、生き物たちの息吹は確かに感じられる。

悠兮庵から須川岳を望む

雪上に残された動物の足跡

サワギキョウ

久保川イーハトーブ世界に迫り来る危機

里山の自然は、人の手が及ばない原生的な自然とは違う。
人が関わり、そこにある自然と共生することで生まれたものだ。
里山の自然をつくったのは人であり、
それを破壊するのも、また人なのだ。

管理放棄され笹藪化した里山。林床植物は生えてこない

間伐や枝打ちがなされず、曲がったりひょろひょろした人工林

セイタカアワダチソウなど外来種が繁茂した休耕田と管理放棄された人工林

侵略的外来種という新たな脅威も、里山に対する無関心・無干渉が遠因と言えよう

ハルザキヤマガラシ。農耕地に侵入し被害を与える要注意外来生物

アレチウリ。凄まじい成長力で樹木を被い枯らす

オオハンゴンソウ

ウシガエル

道路沿いに咲くフランスギク

守り、再生していくために

久保川イーハトーブ世界の里山景観や生物多様性を守り、再生し、その素晴らしさを世界へ発信していくことこそ、知勝院の使命。樹木葬の取り組みも、その活動の一環。これらの取り組みには、多くの仲間が参加してくれている。

知勝院職員による間伐作業（上）とセイタカアワダチソウ除去作業（右）。

研修会に参加してくれた墓地契約者の皆さん

研修会でハイイヌツゲの除去をする

リバートレッキングなどを通じて豊かな自然を体験・実感してもらうことも重要な活動

ウシガエルの除去。成体はアナゴ篭で捕らえる。オタマジャクシのうちに除去することも大切

クラムボン広場付近では、林の手入れによってサクラソウ群落が復活した

間伐や下草刈りによって林床に光が届き、蘇ったニッコウキスゲ。手をかければ自然はそれに応えてくれる

自分を取り巻くすべてのものが「縁」。
その縁とバランスがとれている状態が「中道」。
中道が望ましいとする仏教の教えは、
そのまま生態系保全の考え方につながっていく。

第一章

本当の「樹木葬」とは何か

樹木葬と樹木葬墓地の誕生

一九九九（平成一一）年一一月一一日、岩手県一関市萩荘の山林にて、日本初の樹木葬が執り行われました。ここは、一関市で三百年以上の歴史がある臨済宗の祥雲寺住職である私・千坂嵃峰《ちさかげんぽう》が発案し、地元住民の同意を得た後、墓地として一関市から許可を受けたところです。翌年の二〇〇〇（平成一二）年にはこの地に、祥雲寺の子院として知勝院を設立し、二〇〇六（平成一八）年に岩手県から宗教法人格を認証され、祥雲寺から独立した寺となりました（住職は千坂嵃峰が兼務）。

樹木葬墓地と知勝院が誕生した経緯は第三章で詳しくお話ししますが、ここではまず、樹木葬の理念と樹木葬墓地の実際について紹介します。樹木葬について私はこれまで、ホームページや著書などで繰り返し述べてきました。しかし、私の意図するところとは全くかけ離れた形で「樹木葬」がひとり歩きしている事態にだまっていられなくなり、改めてご説明する必要を強く感じています。

上：祥雲寺のコーラスグループによる合唱が流れるなかでの献花
左：般若心経読誦

図1-1　2001年6月に開催された第1回樹木葬メモリアルの様子。樹木葬メモリアルは、墓地に眠る御霊を供養するとともに、遺族の方々が墓地周辺の環境を楽しめるように行われている年に一度の大祭

図 1-2　樹木葬墓地の入り口

里山の生態系や景観を守るための決まりごと

「はじめに」にも記した通り、知勝院の樹木葬墓地は、地域の生態系を守り後世に伝えるという主旨のもとで、墓地として許可された里山に直接遺骨を埋葬（法律用語としては埋蔵）する形式の墓地です（図1-3）。

知勝院の樹木葬墓地は、宗教宗派を問わず、どなたでも使用していただくことができます。すなわち、旧来の寺内に附属する墓地のような檀家《だんか》制度は採用していません。そのため、もともと私が住職を務めている祥雲寺の旧来型墓地とは違う場所で行う必要があり、祥雲寺から車で二五分ほど離れた場所の山林を購入し、祥雲

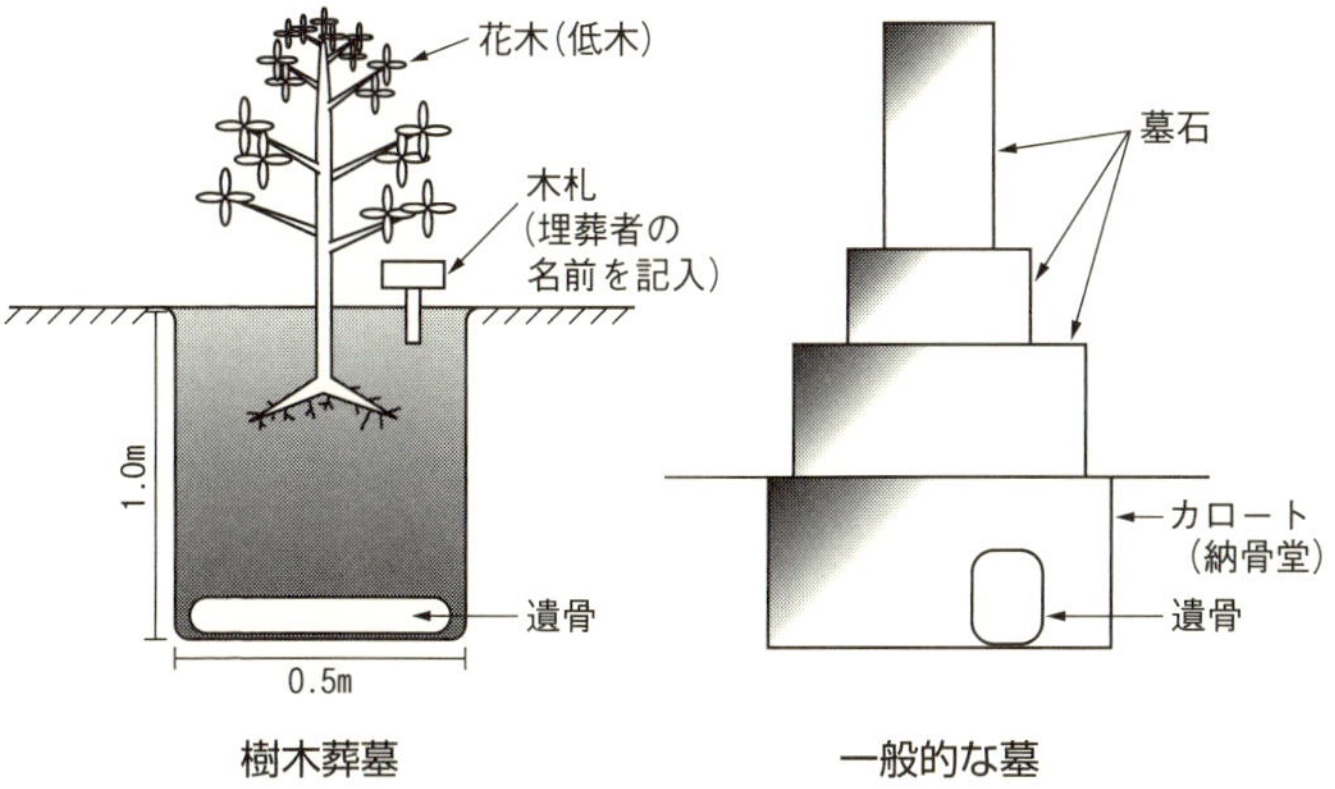

図 1-3　一般的な墓（右）と樹木葬墓（左）との墓形態の比較。一般的な墓はカロート（納骨堂）に遺骨を納めるが、樹木葬墓は穴のなかに遺骨を直接納め、土を被せるので、やがて土に還っていく

寺子院として知勝院を設立したのです。

知勝院の樹木葬墓地は、半径一メートル以内の円内を墓所として使用する権利を契約していただき、埋葬時は約一メートル掘った穴のなかに遺骨を安置し、墓石の代わりに、ヤマツツジ、エゾアジサイ、バイカツツジ、ウメモドキ、ナツハゼ、ガマズミ、ホツツジなどの地域の環境に合った低木の花木を植えていただいています。これらを植えた場所は、近くの大きな木（基準木、図1－4の右）や旧境界などに打たれてある基準点（図1－4の左）からの方向と距離を測定して台帳に記録しています。基準木や基準点は墓地の地図に記されているため、埋葬場所がわからなくなってしまうことはありません（図1－5、1－6）。

また、里山の生態系や景観を守るために、次

図 1-4　基準木（右）と基準点（左）

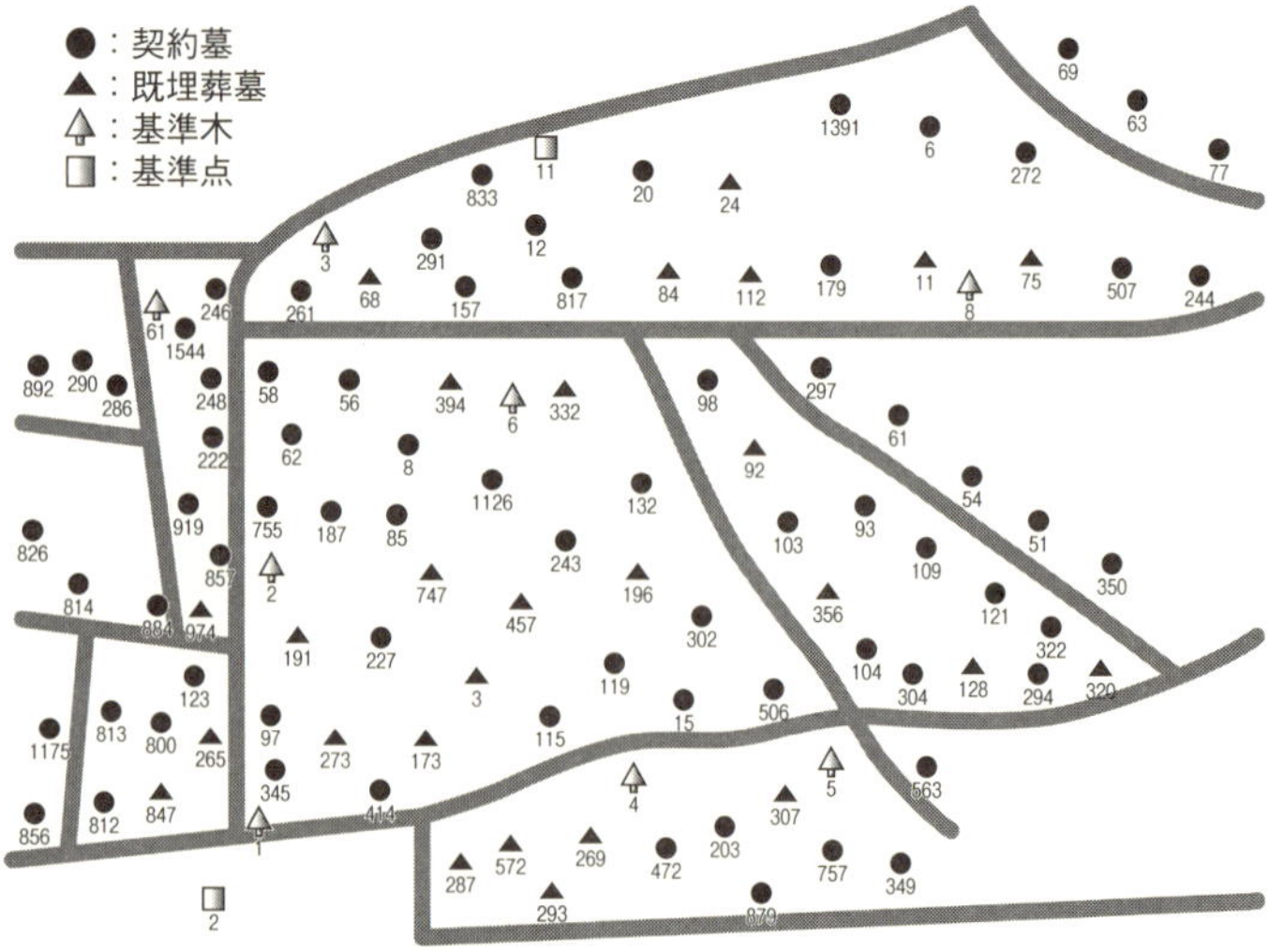

図 1-5　墓地の各区画内の詳細地図。基準点、基準木と、台帳に記録された契約者の番号が記され、墓の場所がわかるようになっている

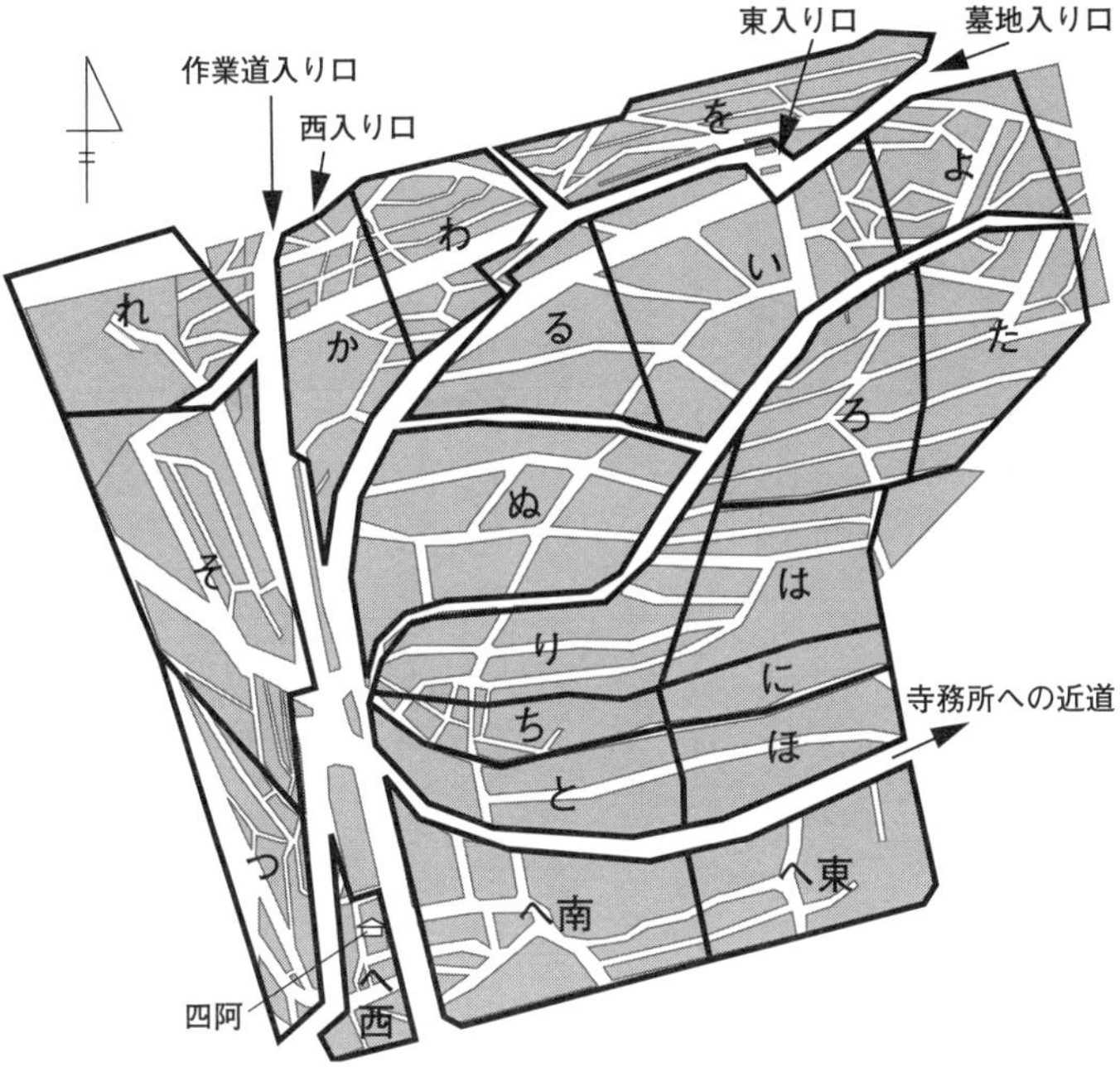

図 1-6　墓地全体の地図。このような区画に分けられている。区画ごとの詳細地図（図 1-5）とともに、パソコンで管理している

図 1-7　山火事防止のため、供養に線香は用いず、手掲げ香炉に焼香してもらう

のような決まりごとがあります。

①山火事防止のため線香は使いません。その代わりに、寺務所で手提げ香炉をお貸しして、焼香していただきます。

②切り花は墓地に残してもかまいませんが、供物《くもつ》はスズメバチなどを呼びますので残さないようにしていただきます。

③景観を守るため、卒塔婆《そとば》などの人工物はいっさい墓地に残さないようにしていただきます。

④墓地内には、里山の生態に合わない外来植物（スイートピーなど）、園芸種（タイワンホトトギスなど）の持ち込みを禁止しています。また、

在来種でも里山の雑木林に自生していないもの（ミヤコワスレなど）は持ち込まないようにしていただきます。

⑤園芸種やクローン種（シダレザクラ、ソメイヨシノなど）を持ってきた場合は会館（農家の廃屋を移築したもの）の庭、駐車場脇などに移しています。

納入金としては、永代使用料として五十万円、墓地に二体目以降を埋葬するときは、一体につき十万円をいただいています。また、墓地の継承者には、年会費として毎年八千円をいただいています。この年会費は、隔月刊の会報『樹木に吹く風』の発行や研修会の案内などで「樹木葬墓地は今、こんな状況ですよ」ということをお知らせするために活用しています。これは、あくまで樹木葬墓地を使用する人に課せられているものであり、契約者のお子さんが樹木葬墓地を使いたくなければ、年会費を納める必要はありません。

「花に生まれ変わる仏たち」

多くの生命が共生する里山は景観的にも優れ、人々に安らぎ感を与えてくれます。樹木葬のねらいのひとつは、埋葬される方やご遺族、そして地域の人々に「安らかな世界」を提供することにあるのです。

ウメモドキ

ナツハゼ

ヤマツツジ

ミヤマガマズミ

エゾアジサイ

図 1-8　墓石代わりに植えられる代表的な花木

そしてまた、知勝院樹木葬墓地のキャッチフレーズを「花に生まれ変わる仏たち」としているように、埋葬された遺骨は、やがて土に還り、墓石代わりに植えられた低木や山野草の糧となることで、この里山で繰り広げられる生命の循環と一体化していくのです。

実はこれまでに二回ほど、知勝院の樹木葬墓地から他の墓に改葬した例がありました。これらは、埋葬された人は樹木葬を気に入っていたのに、親戚などに強く反対されてやむなく行われた、言わば封建的家族制度に引き戻されてしまった残念な事例です。それはそれとして、これらの事例は埋葬してから一年足らずで改葬することになったのですが、遺骨はすでに半分以下の量になっていました。高温焼骨された遺骨はセラミック化して土に戻りにくいとも言われていますが、これはこの地域の酸性の土だからこそのことかもしれません。

また、契約地には木の杭を打ち込んでおき、埋葬後に植樹をしていただくことになりますが、なかには生前に植樹をする人もいます。この場合は、生前に植えた木を掘り起こして植え直すことになりますが、枯れることはほとんどありません。ご夫婦で墓地を使われる場合も、先に遺骨を埋葬した上に植えた木を掘り起こすことになりますが、先に埋葬した遺骨に根が届くことはないようです。

樹木葬墓地での管理作業

一九九九（平成一一）年に、現在の樹木葬墓地二万七〇〇〇平方メートルのうちの四九九六平方メートルを購入しましたが、当時は一〇メートル先が見えないほど細い木々が密集した、ものすごい藪《やぶ》でした。あまりにもひどくて、最初に紹介されたときには購入することを躊躇したほどです。そんな荒廃した山林を間伐し、たまっていた落ち葉を撤去するといった地道な作業を十年間続けてきたことで、何とか昔のような里山の景観と生物多様性を取り戻せたと信じています。

図 1-9　樹木葬墓地での間伐

これらの作業上で一番問題になるのは、間伐《かんばつ》した木々の後始末です。間伐自体はチェーンソーを使用するため、それほどたいへんではないのですが、伐採木の後片付けが、なかなか追いつかないのです。かといって、伐りっぱなしにして放置しておくと、それが山野草が生えてくるのを邪魔してしまいますし、大水が出たときに川に流されでもすれば、災害の原因にもなりかねません。

私たちは伐った木を完全に撤去し、それを余すことなく有効に使い切るようにしています。樹木葬墓地は広いので、休憩場所として適当な間隔でベンチや四阿《あずまや》を設置していますが、これらはすべて樹木葬墓地を整備したときに発生した間伐材を活用しています。参道の手すりも、間伐材を活用しています。金属製品やセメント、合成樹脂などの人工的な素材は、いっさい使用していません。また、四阿の屋根にはトタン屋根は言うに及ばず、瓦でさえも人工的な感じが強くなるので、土屋根としてその上にも山野草が生い茂るようにしています。このように、樹木葬墓地内の景観への配慮は徹底して行っていますが、そこには管理したときに発生した材の有効利用という側面もあるのです。

また間伐材は、知勝院の庫裏《くり》のオンドル用、ログハウス悠兮庵《ゆうけいあん》（後述）のストーブ用などの燃料としても活用しています。さらには、自然体験研修林（後述）に隣接している市民活動「水環境ネット磐井川」の会員が運営している炭窯、炭工房「須川の里」で木炭にして、久保川の水質浄化にも利用しています。

最も始末に困る枝は、チッパーでチップにして各施設の歩道部分に敷いています。チップを敷くことによって、山野草を守るために歩道以外の区域に立ち入らないようにしていただくことができます。さらには、雨による表土流出を防ぐことができます。そして、いずれは土に還り、里山の樹木や山野草の糧となっていきます。

図 1-10　間伐材を利用してつくられた四阿（上）と手すり（下）

図 1-11　間伐材の枝はチッパーでチップ化され（上)、歩道に敷き詰められる（下)

亜流の樹木葬墓地との違い

宗教家として「これからの葬送は樹木葬が最高」と言いたいわけではありません。メモリアル（記念碑）としての墓地をつくりたい人は、もちろん既成の墓地でかまわないのです。しかし、墓地だって生物の世界と同様に、多様性を持っていても良いのではないでしょうか。樹木葬墓地は、「地域の素晴らしい自然を後世に残していくための墓地」という、新しい葬送の形の提案なのです。

樹木葬墓地を始めた当初は、既成の墓地の概念を打ち破るものとして、マスコミの脚光を浴びました。そのおかげで、ホームページだけでしかＰＲしていないのにもかかわらず契約者数が順調に増え、現在の成功につながっています。

一方で、マスコミで話題になったために「樹木葬」という言葉が急速に普通名詞となり、樹木葬と称する散骨場や、単に木を植えて周りに納骨するだけの記念樹型集合墓が各地で見られるようになっています。これらの亜流樹木葬墓地の関係者は、すべて知勝院に来て私の説明を聞いていています。それなのに、樹木葬墓地本来の「里山を守る」という主旨と全く無縁の墓地をつくり、それを樹木葬と名乗るのは、いささかマナー違反と言わざるを得ません。また、亜流樹木葬のかなりのものが、表向きは宗教法人管理を名乗っているものの、実質的な経営は墓園業者であることもわかっています。なかには、過去に違法な墓地造成を行い、問題になった業者もあるようです。そのような業者主体、金儲け主義の墓地に、里山の保全や復活を望むべくもありません。

私が樹木葬墓地を始めたときに商標登録しなかったこともあり、これらの亜流樹木葬墓地に異議申し立てをすることはできません。かと言って、知勝院の樹木葬墓地と亜流の樹木葬とを、一緒にされたくはありません。知勝院の樹木葬墓地で墓標の代わりに植える樹木は、ただの道具ではなく生命としてとらえています。そしてこれらは、地域の自然と人間との付き合い方を考える仲介役となってくれているのです。

第二章　久保川イーハトーブ世界の姿と知勝院

一関市と久保川イーハトーブ世界

私が住職を務める知勝院、そして久保川イーハトーブ世界は、岩手県の南端に位置する一関市にあります。東京駅から一関市の玄関口であるJR一ノ関駅までは、東北新幹線を使えば最速で約二時間。東京からのアクセスもそれほど悪くはありません（一五、一六ページ参照）。

一関市は宮城県と隣接しており、一関の人々には岩手県に属しているという意識があまりありません。江戸時代、一関は伊達《だて》家の支藩、田村家三万石《ごく》領であり、南部家領の盛岡よりも伊達家領の仙台のほうと強い結びつきがありました。ですから、盛岡地方と一関地方では今でも、生活習慣も方言も大きく違います。例えば、秋の風物詩である収穫後のイネの天日干しは、一関では仙台と同じ「ホンニョ」と呼ぶ形式で、盛岡を中心とした旧南部家領では「ハザカケ」と呼ぶ形式で行っています（図2‐1）。しかし、明治時代に入ると一関は無理矢理、仙台と切り離され、旧南部家領の中心地であった盛岡の下風に置かれてしまいました。未だに一関の住民は、そのことに違和感を持っているのです。ですから、知勝院では自らの地域を「宮手（ミヤテ）県」と呼び、宮城・岩手両県を地元二県としています。

一関市の西側には、市を象徴するランドマークである須川岳《すかわだけ》（一六二七メートル）がそびえています。奥羽山脈に属し、東北地方のほぼ中心に位置するこの山は、栗駒山《くりこまやま》という呼び方が全国名となっていますが、これは宮城県側の呼び方です。一関の人々は、岩手県側の登山道入口となっている須川温泉（一二〇〇メートル）と頂上を含めた山を、共に「スカワ」と呼んで

図2-1　ホンニョ（上）とハザカケ（下）。ホンニョは棒を立てて稲束を放射状に掛けていく。ハザカケは物干し竿のようなもの（ハザ）を組み立て稲束を並べて掛けていく。いずれも、時間をかけてイネを天日干しする方法で、米の旨みが増すという

図2-2　磐井丘陵帯から須川岳を望む

います。山頂付近には一五〇種にも及ぶと言われる高山植物が見事なお花畑を形成し、山腹にはブナの原生林や高地湿原が見られるなど、多様な景観が楽しめる山で、私も時間を見つけてはよく山歩きに行っています。二〇〇八（平成二〇）年六月一四日に発生した岩手・宮城内陸地震による地滑り等の甚大な被害があったことは、多くの人の記憶に残っているでしょう。そのため、二〇〇九年（平成二一）年は夏山開きが行われず、たいへん残念でした。

　その須川岳山麓から宮城県境に沿って、北上川《きたかみがわ》までなだらかな磐井丘陵帯が広がっています。この丘陵帯は、地質時代で言うところの新生代第三紀に須川岳が噴出した溶岩流が、それ以前に形づくられていた北上山地にぶつかってつくられたものです。一関市の中心を流れる磐井川は、須川岳を水源として磐井丘陵帯を下り、北上川に注いでいます。

私たちが自然再生を行おうとしている久保川イーハトーブ世界とは、この磐井川の最大の支流である久保川（その支流である栃倉川《とちくらがわ》を含む）流域の、上流から中流までの流域のことであり、一関市街地から七～二〇キロメートルほど奥羽山脈よりの、いわゆる中山間地に位置しています。

久保川イーハトーブ世界の里山景観の特徴

久保川イーハトーブ世界の最大の特徴は、川、沢、五百以上もある溜め池、棚田といった水辺空間と雑木林との組み合わせが、素晴らしい景観と生態系をつくり出していることです。この特徴の背景には、磐井丘陵帯の地質や地形が、稲作に適していないことがありました。

この地域の年間雨量は一四〇〇～一六〇〇ミリと全国平均以下で、久保川の流量は決して豊かとは言えません。しかも、この地域は表土が薄く、須川岳の噴火がつくり出した岩盤がすぐ下を被っており、水はその岩盤の割れ目から地中深くまで抜けていってしまいます。知勝院で井戸を掘ったときは、地表からわずか五〇センチメートル下に岩盤が現れ、それが一〇〇メート

図2-3　厳美渓。地表が薄く、すぐ下に岩盤がある磐井丘陵帯の地質がわかる

ル以上続きましたので、一二〇メートルで掘るのをあきらめ、岩の割れ目から集まってきた水をポンプで汲み上げることにしたほどです。一方、このような地質は、岩が露出している美しい景観の川をつくり出します。磐井川中流に位置する厳美渓《げんびけい》の奇岩、怪岩が織りなす景観は、国の名勝天然記念物に指定され、日本百景にも数えられています。しかし、いくら景観的に美しくても、水面から両岸の段丘上まで一〇〇メートル以上もあるような川では、その水を稲作に利用するのは容易ではありません。

このように、稲作にとっての悪条件が重なっていたため、この地域では明治以前はほとんど稲作が行われていませんでした。一部で、久保川が洪水したときに氾濫《はんらん》した水に覆われる氾濫原を利用した水田がありましたが、その氾濫原も、土壌の水はけが良くて洪水時の増水量は多くないため、ほんのわずかな広さでしかありませんでした。

図2-4　田植え前の水田と溜め池。小さな棚田と溜め池が織りなす、久保川イーハトーブ世界の典型的な景観である

久保川イーハトーブ世界の丘陵にある水田は、そのほとんどが昭和に入ってから開田されたものです。それでも、磐井丘陵帯の土壌の水はけの良さや、小さなアップダウンの変化が数多く続く地形のために、大規模な農地や用水が開発されることはなく、丘陵帯の斜面に狭い棚田がつくられるのにとどまりました。そしてその用水は、棚田の上部に小規模な溜め池をつくることで確保されました。その後、高度成長期に入っても、地形を変えてしまうような農地開発はほとんど行われなかったため、小さな棚田と、その上に溜め池があるという独特な景観が現在まで残されているのです。

このような狭い棚田での稲作だけでは、とても生活は成り立ちません。そこでこの地域の農民たちが活用したのが、磐井丘陵帯に広がるコ

図 2-5　シイタケ栽培には、広葉樹の伐採で得られるほだ木が使われる

ナラ・アカシデを優占種とする落葉広葉樹林でした。稲作と合わせて、かつては炭焼き、近年はシイタケ栽培を行うことによって、何とか生活を成り立たせていたのです。

　このような農民の生産活動によって、広葉樹は薪炭材やほだ木として活用するために定期的に伐採され、伐採後は萌芽《ぼうが》更新させて十数年後に再び活用するという伝統的な伐採更新が行われ、いわゆる雑木林として維持・管理されてきました。また雑木林内の落ち葉も、堆肥として活用するために、定期的に落ち葉かきが行われていました。

　このように久保川イーハトーブ世界は、かつては生産性の低い「遅れた」地域とみなされてきた地域です。しかしそのことが、かえって美しい里山景観と生物多様性を維持することにつながっているのです。言わば、「遅れるが勝ち」であり、「周回遅れのトップ」として、日本が真に世界に誇るべき自然資源となっているのです。

久保川イーハトーブ世界と知勝院の施設

久保川イーハトーブ世界の自然を楽しむ自然体験研修林

荒廃した里山に手を入れて、かつてあった豊かな生物多様性を取り戻していこうという知勝院の構想が具現化したのは、一九九四（平成六）年に、久保川中流域に位置する現在の自然体験研修林の一部（九八〇〇平方メートル）を買い求め、間伐や下草刈りなどの手入れを行ったことが発端となっています。

この地でまず、祥雲寺の檀家の仲間たちと、レクリエーションとして里山の手入れを行いました。すると翌年、その場所にニッコウキスゲの黄色い花が一斉に咲き誇ったのです。これには、本当に驚きました。それまでにも祥雲寺の裏山で間伐などの手入れを行った経験はあり、手入れによって山がきれいになることは知っていましたが、正直に言えば、この頃の私は、まだ生物多様性といった観点を持っておらず、山野草にもあまり関心がなかったのです。これまで日光が林床に届かないため花を開くことがなく、「ただの目立たない草」程度にしか思っていな

図 2-6　間伐や下草刈りなどの手入れをしたことによって、ニッコウキスゲの群落が蘇った

図 2-7　研修林の代表樹種のひとつ、ウワミズザクラ

かった自分の不明を恥じました。そしてこのことは、私にとって「なるほど。山は木だけではないな」という気づきをもたらし、「久保川流域は人々を引きつける魅力がある。手をかければかけるほど、この地域はより素晴らしくなる」という想いを強くし、樹木葬墓地の成功を確信したのです。

この研修林には現在、カスミザクラ、ウワミズザクラ、ウリハダカエデ、ヤマモミジ、ヨツバモミジ、コシアブラ、タカノツメ、リョウブ、エゴノキ、ホウノキ、コナラ、ザイフリボク、

図2-8　悠兮庵から一望した自然体験研修林。遠くには須川岳が見える

アカシデ、アオダモなどの高木、亜高木があり、低木としてはウメモドキ、サワフタギ、サラサドウダン、ヤマツツジ、レンゲツツジが優占種となっています。私がこのような木々の樹種や山野草に関心を持つようになったのは、研修林で実物に触れることの喜びを知ったからと言えるでしょう。

図2-9　ヤマツツジ咲く初夏の悠兮庵

研修林のある場所は、一ノ関駅から車で一五分くらいと近いため、購入当初から、「ここに施設をつくって、首都圏から来る人に泊まってもらい、自然を楽しんでもらおう」と考えていました。その考えのもと、二〇〇一（平成一三）年に落慶したのが、ログハウス「悠兮《ゆうけい》庵《あん》」です。この名前は中国の古典の『老子』から取りました。この年に芥川賞を受賞した畏《い》友《ゆう》・玄侑宗久《げんゆうそうきゅう》氏が老荘思想を好きなことを知っていましたので、彼に揮毫《きごう》を依頼しようと考えて命名したのです。

ところが皮肉なもので、翌年早々、人間ドッ

図2-10　自然体験研修林でハイイヌツゲ除去作業を行う樹木葬墓地の会員

ク後の検査で脳下垂体腫瘍《しゅよう》が見つかり、検査入院の後、一カ月間、手術待ちのための療養で私が真っ先にこの悠兮庵を使うことになりました。この間の生活で研修林の木々をじっくり眺めたのが、後の活動の大きなバネになっています。

　現在、この自然体験研修林は、主に樹木葬墓地の会員の研修施設として活用しており、下草刈りや間伐体験、そして久保川イーハトーブ世界の自然そのものを楽しんでいただくための場所となっています。

人工林を整備して山野草の復活を見守るクラムボン広場

　久保川には、磐井川の厳美渓に負けないような素晴らしい渓谷があります。ところがその渓谷は崖下がすぐに川になっているところが多く、川のなかの岩場を何回もわたりながら進むことしかできません。そのため、この区間は放置され、川岸に水が流れていないところはササが

図2-11　久保川中流のリバートレッキングコース

生い茂り、地元の人さえも足を踏み入れたことのないエリアとなっていました。

ここの渓谷美を何とか活かせないだろうかと考えていたところ、地元の人が、下流側の渓谷入り口付近の山林を売ってくれることになりました。そこで、ここから川沿いのササ刈りを人に頼み、何とか川を四回渡ることによってリバートレッキングができるようにしていただきました。

その後、渓谷入口付近の人工林を買い増し、この付近をクラムボン広場と名付け、約二百本のスギを間伐して整備しています。ちなみにクラムボンとは、宮沢賢治の『やまなし』に出てくる、「かぷかぷ」と笑い、「笑ってはねて殺されて死んで、そして蘇る」正体不明の存在のことです。

図 2-12　クラムボン広場入り口

図 2-13　クラムボン広場での間伐作業。枝を払い、日光を林床に届かせるようにする

クラムボン広場は、人工林を間伐して山野草の復活を見守るのが主目的です。スギを間伐し、日光を林床に届くようにすることと、スギの落葉を取り払うことで、ヤマルリソウ、エイザンスミレ、ミスミソウ、サクラソウ、ツリフネソウ、キクザキイチゲなど、様々な山野草が顔を出してくれています。これまで真っ暗な林床で発芽することができなかった山野草のタネたちは、発芽のチャンスをうかがいながら、しっかりと生き残っていたのです。このようなタネたちのことを埋土種子（シードバンク）と言うようですが、本当に自然の力の素晴らしさを、日々感じています。

また、クラムボン広場はリバートレッキングの出発点にもなるため、雨よけの一時避難所としての四阿とトイレが必要となります。そこで、間伐材を利用してつくることにしたのですが、ここは岩手県の砂防指定地域になっていて、建築物を建てることができない地域でした。そこで、一計を案じ、三メートルの高さでスギを伐り、伐った幹の上にスギの丸太を載せてツリーハウスの四阿としました。ツリーハウスは遊具の一種であり、基礎工事をしていないので、法律的には建築物ではないのです。また、トイレは高低差を利用して沢の水を利用した水洗とし、大小便は採石、砂利を埋めた土中に流して、自然に土に還るようにしてあります。また、ツリーハウス四阿の下には炉を掘り、間伐したスギを少しずつ燃やすことにしました。暖をとったりバーベキューなどに活用するだけでなく、四阿の生木を煙でいぶすことで虫害などから守るこ

エイザンスミレ

ヤマルリソウ

サクラソウ

ミスミソウ

図 2-14　間伐と下草刈りによって光を浴び、花を咲かせた林床の山野草たち

とにもつながっています。

久保川イーハトーブ世界のすべてがわかる樹木葬墓地

そして樹木葬墓地は、最も管理が行き届いた施設であり、久保川イーハトーブ世界の特徴的

図2-15　間伐材を利用したツリーハウス（上）とトイレ（下）

図2-16　上空から見た樹木葬墓地（2004年当時）。久保川イーハトーブ世界での溜め池、水田、里山、人家の位置関係が見て取れる

図2-17　50～60年間手入れされなかった樹木葬墓地内の溜め池で、泥さらいをしてキンブナなどの生物を救助する作業

な要素である溜め池、水田、里山、そして人家をすべて兼ね備えた場所です。もちろん、荒れた状態の里山を整備することによって豊かな生態系を取り戻した、久保川イーハトーブ自然再生事業の拠点でもあります。樹木葬墓地を訪れていただければ、久保川イーハトーブ世界と自然再生の取り組みのすべてを説明することができると言っても過言ではありません。

また現在は、樹木葬墓地から車で五分くらいの場所で新たな樹木葬墓地を整備しています。ここは牛の放牧地が放棄された場所であり、一部では木が伐り払われて広い笹藪になっていました。既存の樹木葬墓地のように契約を待って墓石代わりとなる樹木を植えているのでは、里山再生に時間がかかってしまうため、ここでは墓石代わりとなる低木とその周辺にある高木をあらかじめ植樹し、契約者はそれらの植えられた樹木を見て墓地として選んでいただくという形式を取る予定です。これらのことから、新たな第二樹木葬墓地は自然再生型、既存の第一樹木葬墓地は里山型と呼ぶことにしています。この墓地九五七一平方メートルは、二〇一〇（平成二二）年二月五日に許可が出ました。

図2-18　整備前（上）と笹刈りなど整備後（下）の第二樹木葬墓地。整備前は放牧放棄地のため、広い範囲で樹木がなく、笹藪となっていた

第三章　寺の和尚が自然再生活動を行うわけ

首都圏では破壊が、地方では荒廃が進む里山

戦後の経済成長に伴って地方から首都圏への労働力移動が進んだことで、人口の一極集中が進みました。私が中学校を卒業した一九六〇（昭和三五）年の春も、同級生の幾人かは東京への就職のため、「集団列車」で上野に向かいました。私も一ノ関駅に見送りに行ったことを覚えています。

その彼らもとうに還暦を過ぎ、ぽつぽつと鬼籍に入る人も出始めました。退職後、一関に帰ってきた人もいますが、そういう人は長男で、両親の介護をしなくてはならないといった事情がある場合に限られています。首都圏に就職した同級生のほとんどは、首都圏が第二の故郷となり、その子どもたちは親の故郷に特別の思いを持つことがなくなります。そうして故郷の墓を撤去し、首都圏に墓をつくることになります。

このような情況が重なることによって現在問題になっているのが、首都圏での墓地不足です。その結果、多摩地域などの里山が開発され、大規模墓園に姿を変えられてしまっています。二十数万平方メートルもある墓園もあるほどです。このような大規模墓園の実質的な経営者は、墓石業者であることが多いようです。墓地の名義が宗教法人名義になっているのは、墓地経営

図 3-1　里山を切り開いて造成された首都圏の大規模霊園

の許可を求められたときに業者が名義を借りたからでしょう。首都圏の僧侶の多くは、葬儀社や墓園業者に使われている立場だとも言われています。

宗教や葬送の立場を離れ、自然や環境の問題としてこのような大規模墓園を考えると、貴重な里山がこのように破壊されていくのは、大きな問題です。最近の墓地造成に反対する意見のなかに、自然破壊を問題にする人が出てきたことは、当然と言えるでしょう。首都圏での墓地不足は、まさに大都市が抱える社会問題そのものなのです。

一方で地方では、首都圏とは正反対の少子高齢化に伴う人口減少と、生産様式の変化（堆肥から化学肥料、農薬の使用）、生活様式の変化（薪《まき》から灯油へ）などによって、雑木林には、

図3-2　管理が放棄され、林床にササが密生する樹林。地表に光が届かないから山野草は生えてこなくなり、林床の植生は貧弱なものになる

落ち葉をかいて堆肥をつくる、薪やシイタケ栽培のほだ木を得るといった、かつてのような利用価値がなくなってしまいました。その結果、地方の里山は、ほとんどが放置され藪になっています。

さらに問題なのが、戦後の復興期から高度経済成長期にかけての住宅需要を支えるために、かつての雑木林を皆伐《かいばつ》（すべての立木を伐り払うこと）してスギなどの針葉樹を植えたことです。いわゆる拡大造林です。しかも近年では、輸入材との価格競争による木材価格の下落、後継者不足などによって、これらの人工林が全く手入れをされなくなってしまっています。

落ち葉かきをしないと、この地域の乾

燥したところではササ、やや湿り気のあるところではハイイヌツゲが一面を被い、山野草が生えてこなくなってしまいます。また、間伐が行われない人工林は、ヒョロヒョロと細く上に伸びるばかりで弱々しく、根も浅いため、強風や湿った重い雪ですぐ倒れたり折れたりしてしまいます。倒れたり折れたりした木は、大雨などで川に流されたりして、たいへん危険ですし、一時的な堰《せ》き止めダムをつくってしまい、洪水の原因ともなります。さらに、間伐が行われない森林の林床には日照が届かず、一年草、二年草の山野草は発芽できなくなり、多年草は株を残すことができても花を咲かせることができず、次第に衰退してしまいます。腐りにくいスギの葉がたくさん積もってしまうことでも、山野草が生育しにくくなりますし、山火事の原因にもなりかねません。

樹木葬墓地を考えるきっかけ

一九六一（昭和三六）年にガガーリンが人類初の宇宙飛行を成功させ「地球は青かった」と語ってから、人間は宇宙空間から地球を客体視し、水の惑星の得難さを十二分に確認できる生命体となりました。四六億年という地球の歴史、三五億年前から始まった有機体の発展、そして一万二千年前から始まった農業の営み、そのような長い地球の歴史を振り返ってみると、自然と人間が織りなしてつくってきた里山の自然は、奇跡に近いものと言えるのではないでしょうか。

その里山の自然を大事なものと思わず、高度経済成長に踊らされているうちに、いつの間にか生き物に満ちた里山は消滅しつつあります。なくなってから、そのありがたさを認識するのは人間の常。最近、里山や生物多様性の重要性が各方面で認識されてきたのは、そのような背景があるからではないかと思います。

幸い、久保川イーハトーブ世界には、まだ豊かな生態系が残されています。私が、この地域の里山や生物多様性を守る活動を始めたのも、この素晴らしい里山景観や、希少な生物多様性を、後世に残していくのが役目だと考えたからです。樹木葬墓地という形態も、首都圏近郊の里山を破壊していく墓地の有り様を目の当たりにしたことで、美しい里山と共生する墓地のあり方を模索し始めたことがきっかけのひとつとなっています。

私が住職を務める祥雲寺は、一関藩主・田村家の菩提寺《ぼだいじ》であり、墓地用地として広大な面積の裏山を所有していました。その多くはコナラを中心とした雑木林として残されており、特に新緑の時季はとても鮮やかで、美しい山でした。子どもの頃の私にとっては冒険心をかき立てる遊び場であり、また、仙台の大学に進学した頃には、帰省したときに裏山を歩くことが、何よりの楽しみでした。

そしてまた、いずれ私が継ぐことになるこの山を、将来は歩きやすい空間に整備していけば、素晴らしい自然体験の場となり、祥雲寺の目玉になるだろうと思っていました。祥雲寺は、江戸時代には藩主から百石《こく》を拝領していたため、檀家を多くする必要がありませんでしたが、明

図 3-3　祥雲寺本堂（上）と田村家墓所（下）

図 3-4　上空から見た祥雲寺（中央）。写真上部の、現在、住宅地となっているところは、かつては広大な裏山だった

治以降は最大の庇護《ひご》がなくなり、経営に苦しむことになりました。

昭和三十年代初め、寺の生活が成り立つための檀家数は二百軒と言われていましたが、その数には達していませんでした。ですから、檀家数が少ない祥雲寺は、せっかくの広い土地を有効活用する経営をしていかなければならない、またそうしなければ、田村家の殿様が残してくれた転輪一切経堂《てんりんいっさいきょうどう》などの文化財を維持していくこともままならない、と考えていたのです。

ところが、私が大学院に在学中の一九七一（昭和四六）年、先代の住職、つまり私の父は、この広大な裏山を活かすことは全く考えず、裏山を住宅地として売却する話が出ると、それに乗ってしまいました。それで得た金で、会館を建設するというのです。仕送りされている身としては、反対することもできませんでしたが、これは本当にショックでした。地域の自然を有効に活用することを考えずに、安易な考え方によって裏山を売ってしまったことで、本当に身近にあった、豊かな里山を失ってしまったのです。祥雲寺は田村家によって創設され、栄えた寺であり、この裏山は田村家の遺産です。歴史があるのです。それなのに、先代住職は、その歴史や恩義を全く感じていないようにも思われました。

その地域の歴史や自然環境のあり方を考えず、ただ拝金主義的な考え方によって里山が破壊されてしまったことは、ある意味で、首都圏の里山が墓園に侵食され破壊されているのと同じ構造と言えるでしょう。私が住職に就任した一九八四（昭和五九）年から、一関市と祥雲寺を活性化させていくために、樹木葬墓地をはじめとした様々な活動を始めたのは、このような拝金主義的な人々が過去の歴史的遺産を大事にしないことへの憤慨、喪失感などがきっかけになっているのです。

一関・平泉の大湿地帯と生物多様性に満ちた浄土

少し歴史の話が出てきましたので、ここで一関の歴史を、もっとさかのぼってみましょう。多くの皆さんが一関周辺で思い浮かべるのは、「中尊寺金色堂《ちゅうそんじこんじきどう》」ではないでしょうか。一関

図 3-5　平泉・中尊寺金色堂の外観。写真に写っているのは金色堂を風雨から守るための覆堂（おおいどう）で、金箔張りの金色堂はこのなかにある

市の北隣、西磐井郡平泉町《にしいわいぐんひらいずみちょう》にある中尊寺金色堂は、奥州藤原氏《おうしゅうふじわらし》の初代藤原清衡《ふじわらのきよひら》が一一二四(天治元)年に建立したもので、当代の建築、美術、工芸の粋を集めた平安時代浄土教建築の代表として国宝に指定されています。

私が活動している久保川は須川岳を水源とする磐井川の支流であり、その磐井川は日本第四位の流域面積を誇る北上川の支流です。北上川は、西の奥羽山脈、東の北上高地に挟まれた北上盆地を北から南にゆっくりと下り、仙北平野を経て石巻湾に注いでいます。その中流域にあるのが一関・平泉です。

奥州藤原氏がこの地で栄えたのは、北上川が当時、人や物の流れの動脈の役割を果たしていたことがありますが、それだけではありません。北上盆地と仙北平野の境では磐井丘陵が張り出しているために川幅が急に狭くなり、大雨の時は上流からの水を流しきれないため、広大な湿地帯になります。前面に広大な湿地、後面に丘陵地を要したこの地域は、敵から攻められにくい天然の要塞となっていたのです。だからこそ、奥州藤原氏は、源頼朝《みなもとのよりとも》に滅ぼされるまでの平安末期の約百年間、この地で栄華を極めることができたのです。

奥州藤原氏は、平泉に「この世の浄土」を築こうとしていました。そのひとつの例が浄土庭園の造成です。浄土庭園とは、寺院建築物の前に園池が広がる形をとった庭園のことであり、十円玉に描かれている京都の平等院鳳凰堂《びょうどういんほうおうどう》が有名です。平泉で中尊寺と並ぶ寺院である毛越寺《もうつうじ》

図 3-6　毛越寺の浄土庭園の中心、大泉が池。鏡のような水面に四季の美しさを映し出す

や無量光院《むりょうこういん》（跡）でもこの様式がとられており、現在でもその姿に思いを馳せることができます。

仏教の概念における浄土とは、清浄・清涼で、心に潤いをもたらす地のことを言います。浄土教の経典（阿弥陀経《あみだきょう》）には、満々と水を湛えた池にハスが咲き誇り、色とりどりの鳥たちが美しい声でさえずっている、といった姿が記されています。浄土とはまさに、生物多様性に満ちた世界でもあるのです。それは、かつての一関・平泉周辺の自然環境そのものではないでしょうか。奥州藤原氏はそんな地域の自然を愛し、そのミニチュアを自らの周りに構築しようとしたとも考えられるのです。

図 3-7　埋め立てられている一関遊水地。湿地帯がなくなり、マガンの姿はほとんど見られなくなった

この広大な湿地帯は現在、一関遊水地事業によって整備され、埋め立てられることによって、その姿を徐々に失っています。この地では度重なる洪水によって甚大な被害を被っているため、ある程度の整備を行うのは仕方がない部分もありますが、この地の元々の姿、奥州藤原氏が愛し、その繁栄の礎となった自然環境をすべてなきものにしてしまってもいいのでしょうか。

ほんの少し前まで一関の湿地帯にはマガンの群れが、ラムサール条約にも登録されている宮城県の伊豆沼《いずぬま》、長沼《ながぬま》から餌をとりに飛来していました。黄昏時に一斉に伊豆沼方向に雁行していくさまは、毎日見ていても飽きないほどでした。しかし、一関遊水地に残されている最後の湿地帯を埋め立てている今は、その姿をほとんど見ることができなくなってしまっています。

世界遺産登録延期と「己心弥陀」「此土浄土」

平泉の中尊寺や金色堂を中心に、平泉町と一関市、奥州市にまたがる九つの資産による「平泉――浄土思想を基調とする文化的景観」は、二〇〇六（平成一八）年に外務省を通してユネスコ世界遺産センターに推薦書を提出し、二〇〇八（平成二〇）年に世界遺産に登録されることを目指していました。しかし二〇〇八年五月には、国際記念物遺跡会議（イコモス）の審査によって記載延期の勧告がなされ、七月にカナダで開催された世界遺産委員会において登録延期の決議がなされました。登録延期ということは、世界遺産に登録されるにはより綿密な調査や推薦書の本質的な改定が必要となり、推薦書を再提出した後、再度イコモスの審査を受けなければなりません。

登録延期されたことには、様々な要因があったようですが、なかでも、イコモスの現地視察のとき、オランダ委員会委員のロバート・デ・ヨング氏が会見で語ったと新聞で伝えられた言葉「平泉町の金鶏山《きんけいざん》に見える鉄塔。あれは何かの間違いだと思った」が印象的でした。金

図3-8　金鶏山に立つ鉄塔。イコモスの委員が現地視察の際に目を疑ったという

鶏山は「平泉――浄土思想を基調とする文化的景観」の九つの資産のひとつであり、「浄土思想に基づいて完成された政治・行政の拠点である平泉の空間設計の基準となった信仰の山」と説明されています。その山に、東北電力の電線の鉄塔があるのです。これでは、あまりにも説得力がありません。また、「関係者が勝手に運動すること」を恐れてか、世界遺産への登録に向けての動きが、一般にアナウンスされることはほとんどありませんでした。このような民間の力を無視するような秘密主義のお役所体質が、イコモスの厳しい勧告につながったのではないでしょうか。

平泉が目指していたのは世界〝文化〟

図3-9　ドイツ東部のドレスデン・エルベ渓谷。エルベ川上流部に形成されたこの美しい渓谷は世界遺産に指定されていたが、橋の建設が決定的となり（写真中央部に架橋予定）、登録抹消された

遺産であり、世界〝自然〟遺産ではありません。しかし、文化遺産といえども世界遺産となるには、生態系や景観を重視し、人や人による造形物と自然が溶け合うことが求められます。そのことを表す良い例が、ドイツのドレスデン・エルベ渓谷です。ここは、渓谷を含む自然と城下町が一体化していることが評価されて世界遺産（文化遺産）に指定されましたが、近年、観光客増を図ろうとする地元が、渓谷に橋をかけようとして、反対する市民団体との対決がありました。そのときユネスコは、「橋ができれば遺産登録を取り消す」と明言し、二〇〇九（平成二一）年六月、橋の建設が住民投票によって

決定すると、登録は抹消されてしまいました。

平泉では、昭和三十年代に町内に残っていた池が埋められ、俗悪な観光地化が進みました。その結果、奥州藤原氏が浄土思想に立脚してつくった平泉の面影は、中尊寺の伽藍《がらん》と毛越寺の庭園のみとなってしまっています。つまり、地域行政や住民が、浄土思想による水辺空間による景観の重要性を理解したまちづくりをしてこなかったということです。

そして最近でも、私は以前から「平泉町や一関市の町並みの汚さ、ちまたにはびこるフランスギクやヒメジョオンなどの外来植物やクローン種であるソメイヨシノなどに対する意識の低さ、そして景観を意識しない電柱や歩道などは世界遺産の障害になる」と警鐘を鳴らしていたのですが、そのような意見が市民から出てくることは、ほとんどありませんでした。それどころか、「せっかく世界遺産登録に向けて頑張っているのに、水を差すな」と言われてしまう始末でした。今でも、遺産登録が延期された理由として、「浄土思想が外国人に理解されなかったから」と思い込んでいる人がいるようですが、私に言わせれば、現在の平泉から浄土世界を感じさせることはできないので、そこから浄土思想など理解できるわけがない、と思います。

私は、決して平泉が世界遺産になることに反対しているわけではありません。しかしその前に、もっと地元の魅力を知り、それをしっかりと理解して活かすことが大切なのではないかと思うのです。仏教者の言葉で言えば「己心弥陀《こしんみだ》」。自らの魅力を世界遺産といった外の価値基

図 3-10　電柱が乱立し、景観が意識されていない平泉町の町並み。浄土世界を感じることはできない

図 3-11　中尊寺近くの道路沿いに咲くフランスギク。平安時代の植生が守られているのは毛越寺、中尊寺のなかだけで、町中はソメイヨシノ並木にニセアカシア群落、ヒメジョオンなど、外来植物のオンパレード

準に求めるのではなく、自分のなかに確立することが大事です。そして、その上に立った「此《し》土浄土《どじょうど》」。自分のいるところに浄土世界をつくることが大事なのです。そうすれば、世界遺産登録といった結果も、自ずとついてくるはずなのです。

奥州藤原氏は、これらの考えを実践してきました。だからこそ現在、「平泉――浄土思想を基調とする文化的景観」とされる遺産が、一部ながらでも残されているのです。現在を生きる私たちも奥州藤原氏と同じように考え、実践していかない限り、たとえ世界遺産に登録されたとしても、その文化を継承していくのは難しいでしょう。

「縁」と「中道」、「気（キ）」と「気（ケ）」

仏教思想では、「縁《えん》」との関係で自分のあり方を見つめることを説いています。ここで言う縁とは、自然環境や歴史的な条件など、自分を取り巻くすべてのものをいいます。そして、この縁とぴったりとマッチする状態のことを中道《ちゅうどう》といいます。これは「真ん中」ということではなく、「道に合う」ということ、要するに一番バランスのいい状態ということです。

わかったようでいて、これを具体化するのはたいへん難しいことです。しかし、平泉の世界遺産への取り組みは、この縁を全く無視しているように思えるのです。縁を無視していては、中道になるわけもありません。

このような状況を、「気」という文字で説明することもできるでしょう。この「気」は、「ケ」と読む場合と「キ」と読む場合で、その意味合いは変わってきます。

「気（キ）」は、自らが持っている心が発するものであり、仏教ではこちらを大事にして説くことが中心となっています。しかし、私が大事にしたいのは、もう一方の「気（ケ）」の世界です。これは自分だけでなく、周りの動物や植物が発するエネルギーのようなもので、「気配」のケ、「モノノケ」のケでもあります。雰囲気的なものと言い換えても良いでしょう。

自らの気（キ）を強めるのは宗教家としては大事なことですが、とても難しいことです。現代人は自らの心を顧みることをせず、もっぱら利己的に行動しますので、鋭い気（キ）が育ちません。それは結局、自らの周囲の状況、つまり気（ケ）をしっかり感じ取ることができなくなっているからではないでしょうか。自分がどういう力を出すかという気（キ）の世界に達する前に、まずは気（ケ）を感じる力を養わなければならないと思います。

平泉の世界遺産運動は、平泉という地の気（ケ）を本当の意味で理解していないにもかかわらず、「自分たちの持っている文化は世界遺産に値するはずだ」という誤った気（キ）ばかりを発しているように思えるのです。

自らの地域を考えるときに必要な仏の智慧「四智」

地域の自然を保全し、それによって地域づくりを進めていくためには、まずは自らの地域の素晴らしさを発見しなければなりません。そのためには、仏教で言うところの「四智《しち》」を理解することが必要です。「四智」とは、仏の持つ代表的な智慧《ちえ》のことを言います。

第一の智慧「大円鏡智《だいえんきょうち》」は、知識や経験を超えた鏡のように清浄無垢な心であり、すべての出発点です。第二の智慧「平等性智《びょうどうしょうち》」は、森羅万象すべてのものを何の区別もなく、平等に眺められる智慧。第三の智慧「妙観察智《みょうかんさつち》」は、対象について十分に観察する智慧。そして第四の智慧「成所作智《じょうしょさち》」は、行動することで成すべきことを成し遂げる智慧のことを言います。

これらはすべて、自分の行為が自らの利害を超えて自然の法則に合うための智慧であるとも言えます。誰でも心のなかには「自分さえ良ければ」というところはあるものです。しかし、それでは本当に良いものは見えてきません。「四智」は仏にしかできないことですが、できるだけそれに近づこうとする意識を持って自らの地域を考えることが、とても大切だと思います。特に地域づくりには、気（ケ）を余すことなく見通す「妙観察智」が求められています。

そしてまた、多くの人がそういう意識を持つことが大切です。平泉での世界遺産運動は、残念ながら行政主導であり、地元から盛り上がった運動ではありません。自分の地域を良くしていくためには、地域の人たちが自らが考え、行動していかなければならないと思います。そうした活動が多くの人たちによって広がっていくことで、やがて行政を巻き込んでいくような形になれば最高でしょう。

そのためには、まずは誰かが地元の良さに気づき、行動に起こしていくことも必要になってきます。残念ながら日本人は、「最初に自分が」という気概が欠けているように思います。学校の授業や会議などでも、なるべく後ろのほうに座ろうとするのが、日本人の特徴です。気(キ)が他の人より強いと叩かれるから隠れたいという意識があり、自分は目立ちたくないわけです。そういう気風が残っているうちは、本当の地域づくりはできないかもしれません。四智、とりわけ「妙観察智」を意識し、周囲の気(ケ)を十分に理解したうえでの気(キ)であれば、それは存分に発するべきですし、その気(キ)に触れることで、他の人たちの意識も変えていくことができるはずです。

私には、この地域の和尚であるという縁があります。この縁を活かし、素晴らしい気(ケ)を持っているこの地域の景観や生物多様性を何とか残していきたい。そう思いながら樹木葬をはじめとした活動を始めました。始めた当初はなかなか周囲には理解してもらえませんでしたが、コツコツと自分にできることを進め、成果を上げてきた結果、徐々にその考え方や活動が日の目を見るようになってきたわけです。

虚空蔵菩薩は里山保全活動のキーワード

私は今、里山の自然再生に取り組んでいるなかで、「虚空蔵《こくうぞう》菩薩《ぼさつ》」に関心を持ってきました。虚空蔵菩薩は真言宗のみの信仰といっても良いほどで、他の宗派ではあまり縁がない存在ですが、私の宗派である臨済宗に属する寺院にも、虚空蔵菩薩を本尊にしているところが若干あります。

図 3-12　虚空蔵菩薩。虚空、すなわち広大で無限の徳を持った菩薩、という意味である。左手に、蓮の花に乗った如意宝珠という宝物を携えているのが一般的で、意の如く何でも出してくれる能力を持つ。左手に宝剣を持つ像も多い

大地は遺体を受け入れ、それを分解して新しい生命を育みます。そのような大地の恵みを象徴するのが地蔵菩薩、いわゆるお地蔵さんです。一方、空は亡

くなった人の魂が向かう先であり、新しい生命を育むために必要な日光や雨などをもたらします。そのような空の恵みを象徴するのが虚空蔵菩薩です。

仏教発祥の地であるインドでは、人が亡くなると火葬しますから、その灰や煙は空に上がっていき、やがて雨になって植物が生え、その植物を動物が食べてといった食物連鎖のなかに組み込まれていきます。その生まれ変わりのなかで、次はどこへ行くかわからないというのが輪廻転生《りんねてんしょう》の思想です。インドでこのような思想が受け入れられているのは、暮らしのすぐ近くに山がなく、大地も空も広いという地形があるからです。ところが日本は、ほとんどのところで、すぐ近くに山が見えますから、インドのように空と大地だけをシンプルに対比させる感覚にはなりません。虚空に一番近いのは居住地に近い山（ハヤマ）であり、ハヤマに亡くなった人たちの魂が集まると考えたくなるのです。

山を神聖視する考え方を、民俗学では「山中他界観」と言いますが、このように日本では虚空と山は切り離せないものなのです。ですから、真言宗を開いた空海は、山で修行をしたのです。また、虚空蔵菩薩は山に眠る金や銀、鉄といった鉱物資源をもたらす存在でもあります。これは、鉱物資源が空から飛来する隕石《いんせき》に起因するといったイメージが重なっているのかもしれません。

日本の仏教は、山岳信仰を無視することはできません。民俗学に関心のない方は仏教の教義

図3-13　一関市にある自鏡山。吾勝神社が鎮座しているハヤマである

だけに関心を持ちがちですが、日本仏教は、仏教の教義と日本の自然観とが一体となったものであることを知っていただきたいと思っています。その意味で虚空蔵菩薩は、これからの日本における生物多様性や自然の循環、それらを活かした暮らしを考えるときの大事なキーワードとなるのではないかと考えています。

ハヤマは今風に言えば、里山とそれに連なる奥山です。ですから里山を保全していくことは、日本人の自然観や宗教観にも即していることとなります。そしてそれは、私が行っている樹木葬墓地をはじめとする活動の考え方にもつながっているのです。

生物多様性と曼荼羅とイーハトーブ

日本に伝わった大乗仏教は、お釈迦《しゃか》さま以降の信者の想像力がつくり上げたものです。お釈迦さまが暮らしていた時代と、商業が発達してきたお釈迦さま滅後数百年後のインドは、まるで社会情勢や生活様式が違ってきました。お釈迦さまが戒律で決めていなかったことも多々出てきてしまったわけです。そこで「お釈迦さまだったらどう考えるだろう」と瞑想《めいそう》して、何かをテレパシーのように感じた人が、経文《きょうもん》をつくっていったのが大乗仏教です。想像力がどんどん膨らんでいくことで、菩薩や仏の数も増えていきましたから、その関係がどうなっているかを整理しなければならなくなりました。それを整理して見せたのが曼荼羅《まんだら》です。

生物多様性の世界を曼荼羅に例える人がいます。多種多様なものが、それぞれの役割を果たしているという意味では、確かに生物多様性と曼荼羅は似ているかもしれません。実は私も、久保川流域を「久保川イーハトーブ世界」と名づける前は、「久保川曼荼羅」としてアピールしていこうと考えていました。

しかし私は、少しずつ生態系のことを理解していくにつれて、生態系を曼荼羅に例えるのは良くないと考えるようになりました。曼荼羅は、仏、菩薩などの関係性を整理したものであるとともに、その序列を決めたものですが、自然や生物多様性は、それほど明確に整理できるものではないと思ったのです。一般の方にとって曼荼羅のイメージは「複雑」ということなのかもしれませんが、私からすると、自然や生物多様性を表すには、曼荼羅はあまりにも「整然」としすぎている感じがしたのです。仏さまの姿で表している以上、どうしても人間中心といった感じもしてしまいます。

また、生物多様性の豊かさを表すのには、「久保川浄土世界」としてもよかったのですが、浄土という言葉は浄土宗や浄土真宗のイメージが強く、他の信仰を排除してしまう感じで、世界観が狭く感じられてしまいます。

そこで、より普遍性がある言葉として、岩手県人なら誰でも知っている、宮沢賢治が理想とした世界である「イーハトーブ」という言葉を借りることにしたのです。里山があって、川や水田がある、生物多様性に満ちた世界を、宮沢賢治は理想としました。しかし、宮沢賢治のいた花巻《はなまき》は、飛行場ができたり人工林が増えたりして、その理想からは離れた状態になっています。同じ北上川流域でも、その支流である久保川流域は幸いに、棚田や溜め池、そして里山の調和が、宮沢賢治が考えたような世界に近いのではないかと思っています。

仏教と生物多様性とは相性が良い

ここまで、私の自然再生や生物多様性保全、そして地域づくりに対する考え方を、仏教用語とともに紹介してきました。それは、私が和尚であるからでもありますが、仏教の考え方と自然とは非常に相性が良いと思っているからです。そしてその思いは、「久保川イーハトーブ自然再生事業」で私たちと協働していただいている東京大学大学院農学生命科学研究科保全生態学研究室教授、鷲谷《わしたに》いづみさんの著書『生態系を蘇らせる』（NHKブックス）、『自然再生―持続可能な生態系のために』（中公新書）を読むことで、より強いものとなりました。

鷲谷さんは著書のなかで、「自然から学ぶということをまず基本にしなければならない」とし、「自然の複雑さは人智を越えている」、したがって「人々は全知全能の神に模するのではなく、他の生物と同じようにしばしば間違うこともあるものとして行うべきだ」と述べています。キリスト教やイスラム教の基となる旧約聖書の世界では、「神は人間を神に似せてつくり、したがって、地球上のものを思いのままに従わせることができる」としてきました。しかしこのような創世記的世界観は、地球の有限性が理解されてきた二一世紀の現在では通用しないことがはっきりしてきています。

先にも書きましたが、仏教では自分を取り巻く「縁」との関係で自分を見つめることを説き、縁と自分とのバランスがとれている状態を「中道」として望ましいものとしています。かつての日本人は、自然を無視して人間は生きることができないと考えていました。ところが戦後になると、旧約聖書的な世界観で自然を征服しようとしてしまいました。その結果、日本の自然は荒廃し、回復不可能に近い状態になってしまったのではないでしょうか。

ここで、宗教の是非を言う気はありません。樹木葬墓地でも、契約者の宗教・宗派はいっさい問いません。しかし、かつての日本仏教的な自然観を、日本人は取り戻す必要があるのではないかと思っています。

そしてもうひとつ、これまで私たちは、樹木など人間よりもはるかに寿命が長いものに霊性を感じてきました。しかしこれからは、逆に草花や昆虫など、短い命にも目を向け、そこから何かを感じることができないと、本当の意味で生物多様性と向き合うことができないのではないかと思います。

仏教とは、自分のエゴを見つめることでもあります。宗教とは教義から始まるのではなく、見て感じることから始まります。ですから私は和尚として、樹木葬墓地やその他の取り組みによって生物多様性を取り戻した素晴らしい里山を見てもらい、より多くの人に何かを感じてもらいたいと思っているのです。そのことから、本当の意味での地域づくりが進んでいくことを信じています。

第四章　気づきと人の縁で深まる自然再生の取り組み

建造物や遺跡以外にも文化的価値がある

私が祥雲寺の和尚として地域づくり運動を行うようになったのは、一九九〇（平成二）年に「北上川流域の歴史と文化を考える会」の設立を呼びかけたことが最初でした。

当時、平泉町の北上川の堤防を強化して、その上に国道四号線のバイパスをつくろうという計画があり、発掘調査をしたところ、数多くの遺物と遺跡が発見されました。奥州藤原氏の「柳之御所《やなぎのごしょ》」の遺跡です。マスコミの報道や歴史研究者からの保存要請など、この遺跡を取り巻く状況は誠に賑やかだったのですが、肝心の地元からは、遺跡保存を訴える声が全く出てきませんでした。そこには、治水事業が遅れると困るという意識、そして国が決めた計画に反対するのはもってのほか、という意識があったのでしょう。

しかし、私は遺跡を単に学問的対象としてではなく、これからの地域づくりを考えるためにも重要だと考えていたので、この状況にしびれをきらして、「北上川流域の歴史と文化を考える会」を設立し、その緊急課題として柳之御所遺跡の保存運動に取り組んだのです。通常ならば「柳之御所遺跡保存会」といった名称にするのでしょうが、「北上川流域の歴史と文化を考える会」としたのは、平泉がなぜ栄えたのかを考えるためには遺跡だけを見ていても駄目で、地理的条件も併せて検証していくことによって自分たちの地域のことが見えてくるだろうと考えたからです。そのために、平泉町や一関市だけではなく、盛岡市や水沢市（現・奥州市）の歴史に関心のある仲間を引っ張り込みました。

この頃の私は、祥雲寺の墓地の公園化を進めたりはしていましたが、まだ地域の自然の素晴らしさや生物多様性の豊かさには気がついていませんでした。もちろん、北上川流域の文化に自然を使った農村文化が背景にあることは意識していましたが、それがどういう自然なのかは漠然としていたのです。

一九九三（平成五年）、当時の建設省が遺跡保存を決定したため、私の活動は、もっと地域に入り込んでいくことになりました。まず注目したのは、磐井川流域の、かつて骨寺村《ほねでらむら》と称されていた本寺《ほんでら》地域に残されている農村景観でした。ここには、中尊寺に現存している「荘園絵《しょうえんえ》図《ず》」そのままの景観であり、二〇〇五（平成一七）年には国の史跡に、そして二〇〇六（平成一八）年には重要文化的景観に指定され、また「平泉――浄土思想を貴重とする文化的景観」として世界遺産に推薦されたときの構成資産のひとつとなっていますが、当時、地元の人は誰もそのことを知らなかったのです。

私たちは國學院大學《こくがくいんだいがく》の教授と学生たちを招き、一緒に本寺地域に入って、八百年前の荘園絵図に描かれていた世界との比較といったことを調べました。そうすると、絵図に残されているような景観以外、本当に何もありません。しかし、だからこその価値があったわけです。

この経験によって私は、「同じ歴史を物語る文化的遺産として、金色堂のような建造物や遺跡などの造形的なものとは違う価値を持つものもあり得る」ということに気づきました。「荘園絵図」には、深い崖になっているために磐井川の水が使えないので、小さな本寺川の水と湧き水を利用した姿が記されています。そういうことから、昔の農村風景のあり方、湿地の重要性などを意識するようになっていきました。この地域にあるべき自然の姿が、私にも少しずつ見えてきたわけです。

手を入れれば荒れた里山も美しくなる

この頃の私は、地域づくり運動に打ち込む一方で、檀家数が少ない祥雲寺の経営再建にも取り組んでいました（それでも住職就任時には檀家数は約四百軒になっていました）。一関藩主・田村家の菩提寺として残された広大な境内、墓地、文化財を維持していくためには、住職就任時の檀家数では限界があったのです。

地方都市では、本家・分家意識が根強く残っており、本家と異なる宗派の寺院に墓地をとると肩身が狭い、といった思いをしてしまいがちです。そのような敷居の高さを取り除くために、まずは火葬場を持つペット霊園を開設しました。誰もが来やすい寺づくりを目指してのことだったのですが、当時の檀家の人たちには、なかなか理解をしてもらえませんでした。また、住職が地域づくり運動に明け暮れ、行政とぶつかっていたりする姿は、あまり好ましくないと思われていたようです。

そんなときに知ったのが、「葬送の自由をすすめる会」が始めていた散骨運動でした。これは、当時の首都圏の墓地事業から生まれた社会運動といっても良いものでしたが、檀家制度の上にあぐらをかいていたお坊さんたちは、この動きに全くの無反応でした。しかし、地域づくり運動を通して社会性を重視することの大切さを学んでいた私には、この運動をリアルに受け止める必要があると感じました。そのときに、漠然とした樹木葬墓地のアイデアが閃いたのです。

閃いたからには、実行したくなるのが私の性です。まずは一九九四（平成六）年、樹木葬墓地の実験地として九八〇〇平方メートルの里山を購入しました。この土地は人家が近いため、はじめから墓地にする気はなく、美しい里山づくりを自らの手で試してみる場、そして純粋に自然を楽しむ場として考えていました。購入した当初は全く人の手が入っておらず、藪だらけの地元の人は見向きもしない土地でしたが、須川岳が正面に見える絶好のロケーションもあり、私には、整備をすれば素晴らしい里山になるという確信がありました。

その実験地で私と一緒に間伐や下草刈りなどを行ってくれたのは、祥雲寺の比較的若い檀家

図 4-1　「寺子屋」での早朝坐禅。寺子屋は 1 泊 2 日で、市内見学やお茶事、お話を聞く会、ケーキづくり、肝試しなど、盛りだくさんの内容

図 4-2　自然体験研修林での研修の様子。奥に見えるのが悠兮庵

の集まりである「祥友会《しょうゆうかい》」の皆さんでした。この祥友会は、私が住職になった当初から始めていた、夏に小学生を親から切り離してお寺に泊まらせる体験活動「寺子屋《てらこや》」を手伝ってくれていたりしていたのですが、「たまには祥雲寺を離れて、山に入って楽しもうよ」と呼びかけ、午前中は作業、午後は芋煮会といった感じで、レクリエーションとして参加してもらったのです。

そうして仲間と一緒に手入れを行った翌年、その思わぬ成果としてニッコウキスゲが一斉に咲いたのです（第二章、図2-6参照）。間伐や下草刈りを行うことで林床に光を入れれば、荒廃していた里山もこれほどまでに美しく生まれ変わる、このことへの気づきが、樹木葬の活動を進めていくことの自信となりました。そしてその時の感動が、のちに樹木葬墓地のキャッチコピーとなる「花に生まれ変わる仏たち」という言葉を生み出したのです。

この場所には、二〇〇一（平成一三）年に自然体験研修所としてログハウス「悠兮庵《ゆうけいあん》」を建て、現在では自然体験研修林として活用しています。

一関周辺は南北の植生がせめぎ合う場所

私の地域づくり運動も、さらに広がりを見せていました。一九九五（平成七）年には、当時岩手大学工学部教授だった平山健一《ひらやまけんいち》さん（前・岩手大学学長）の呼びかけに応じて、北上川と

図 4-3　クラムボン広場で植生を説明する千葉喜彦さん（右）

多様な形でかかわっている市民運動家が一堂に会し、緩やかな連携組織をつくる「北上川流域連携交流会」を結成したのです。

この交流会は、自然の単位である流域をベースに〝産・官・学・民〟の交流や連携を通して流域文化を創造することを目的としたものです。多様な人がつながり情報交換をすること、人材を養成することなどを柱に、シンポジウム等の開催、ニュースレターの発行、川の学校（リバーマスタースクール）の開校などをメインとした、様々な事業を展開しています。私は代表のひとりであるとともに、歴史文化の理解と活用に関する事業を行う歴史舟運委員会の委員長を務めていましたが、専門外の河川工学を勉強したり、苦手な縄結びにもチャレンジして船舶免許を取ったり、川遊びをしたりと、様々な経験を積ませていただきました。

この交流会で出会ったのが、河川環境委員会の委員長を務める千葉喜彦《ちばよしひこ》さん。千葉さんは東京農業大学出身で、生態系に並々ならぬ関心を持っており、周囲の山から在来種の種子や実《み》生《しょう》を拾ってきて育て、本業の造園業で活用しており、ビオトープにも関心を持っている人です。

その千葉さんからの教えによって、約二百五十キロメートルにわたる北上川流域の自然の姿が理解できてきました。そして「一関の自然は豊かである」と一般的に述べられている以上に、例えば、主に太平洋側に分布し温暖な環境を好むイヌブナと、冷涼な気候を好むブナが混在していたり、ザイフリボク（別名：シデザクラ）という木の北限だったりと、非常に特色あるものであることがわかりました。三陸の海は、暖流と寒流がぶつかることによって、世界有数の漁場として知られているように、違った環境のものがぶつかるところには生き物が多く集まるのです。一関周辺は、南北の植物もせめぎ合う場所であり、だからこそ多様性が豊かなのだということが理解できたのです。

樹木葬墓地誕生までの紆余曲折

また、樹木葬墓地のビジョンがより具体的になったのも、交流会のメンバーと横浜市の舞岡《まいおか》公園での市民運動の視察を行ったことがきっかけとなりました。ちなみに、舞岡公園での活動のリーダーとなっているのは、岩手県出身の女性でした。

舞岡公園では、一関ではどこでも見られるような谷地の水田と雑木林を、都市住民が大切に思い、楽しみながら保全管理活動をしていました。それを見て、一関の自然を取り戻せば、より多くの都会の人を呼び込むことができると思ったのです。また舞岡公園では、一本一本の木の樹種を記録するために、その所在を地図上にメッシュをきって登録する作業をしていました。

墓地で一番大事なのは、その位置の確定です。墓石を使わなくても、こういう方法ならば位置を確定できることに気づき、現在樹木葬墓地で行っている、複数の基準木からの方角と距離を測って台帳に登録し、埋蔵地を確定する方法を思いついたのです（第一章、図1-4〜1-6参照）。

そこで一九九七（平成九）年、いよいよ樹木葬墓地の候補地探しを行うこととなりました。やはり一関は須川岳がつくった丘陵帯の自然ですから、樹木葬墓地も須川岳が見えるロケーションにこだわりました。

最初は、自然体験研修林を購入したときにお世話になった農協が紹介してくれたなかから、須川岳が望める山林（四〇六二平方メートル）を購入しました。

墓地として活用するためには、近隣住民や隣接林の所有者に認めてもらわなければなりません。隣接林は共有林で、四十人くらいの所有者がいました。説明会をくり返すうちに、多くの方は「和尚のやることは、よくはわからないけれど、地域づくりでも頑張っている。このままでは農村部はじり貧なのだから、ハンコを押してもいいんじゃないか」という消極的な賛成が大多数でした。ところが、ひとりのおばあさんが強烈に反対して、「私の土地の隣が墓地になるなんてとんでもない。駄目なものは駄目」と、全く聞く耳を持ってもらえませんでした。後から聞くと、この地区は有名な新興宗教が強いところだったそうで、そういう影響もあったのでしょう。それで、その場所はすぐに諦めました。

その後も、なかなか良い候補地が見つかりません。二〇〇七（平成一九）年に亡くなった直木賞作家の三好京三《みよしきょうぞう》さんが私の活動を理解してくれて、わざわざ衣川村《ころもがわむら》（現・奥州市《おうしゅうし》。一関市の隣）の自分の山に案内してくれたのですが、私がこだわっているロケーションに合わなかったり、しっくりくる場所がなかなか見つかりませんでした。

一九九九（平成一一）年、農協が前に説得に失敗した地域の別の山林（四九九六平方メートル）を再度勧めてきました。以前は、須川岳が見えないこと、そしてあまりにも荒廃がひどいために、見送っていたのです。しかし、住民説明会をあらためて開く必要がないこと、隣地に反対する所有者がいないこと、そして何よりも「これ以上待てない」という気持ちもあり、思い切って購入し墓地にすることにしました。

図 4-4　樹木葬墓地に隣接する荒れた状態の里山。樹木葬墓地を整備する前は、このような状態の森林が広がっていた

図 4-5　東京での樹木葬フォーラムの様子。2000 年から毎年 3 月に開催している

その年のうちに一関市から墓地経営許可を取り、樹木葬墓地の経営がスタートしました。一一月一一日には契約第一号として、花泉町《はないずみまち》（現・一関市）の故・佐々木省三《ささきしょうぞう》さんの遺骨を埋葬、墓石代わりの花木はヤマツツジでした。

最初は候補地として見送るほどに荒れ果てた山林も、少し手を入れることで、見違えるようになり、今ではすっかり美しい里山に様変わりしています。購入した翌年にはこの地に知勝院を創設し、東京での樹木葬フォーラムを開催。その後も墓地用地や寺務所用地を買い足し、現在の姿に至っています。

ウシガエルのいる溜め池はドジョウが少ない

樹木葬墓地が始動し里山の手入れを本格的に始めたことで、前述の千葉喜彦さん（北上川流域連携交流会河川環境委員長、造園家）と頻繁に付き合うようになりました。里山の整備や墓石代わりの花木についての相談はもちろん、春と秋に行っている樹木葬墓地契約者の研修会で、千葉さんが山から採ってきた山菜や、溜め池から獲ってきたドジョウやムツゴを天ぷらや酒蒸しにして、参加者に食べてもらったりしていました。

当時の私は、地域づくり活動として地元の磐井川水系に関心を持ってはいましたが、それは

図 4-6　ウシガエル。世界的な侵略的外来種である

まだ、北上川流域連携交流会の活動との関連のうえでのことで、まだ自分の問題といった意識には至っていませんでした。そんなあるとき、千葉さんが「ウシガエルが侵入した溜め池は、ドジョウがガクッと減る。これは何とかしなければならない」と言い出したのです。私も「そろそろ地元の川を本格的に活かしていきたい」という思いがつのってきたこともあり、二〇〇二（平成一四）年、「水環境ネット磐井川」という団体を設立し、磐井川流域でも具体的なアクションを起こし始めました。

まずは景観と生態の調査ということで、千葉さんと二人で久保川の源流部から磐井川の合流点まで歩きました。崖によじ登り、けもの道を探して進み、時には笹藪と格闘し、あるいは川のなかの岩場を渉るという困難続きでした。暗くなって

図 4-7　オオハンゴンソウ。繁殖力が強く、特定外来生物に指定されている

も支援隊が待っている地点に到達できずに、遭難騒ぎになってしまったこともあります。そうしてポイントごとに景観や、サクラソウなどの希少な動植物が生息している場所、そしてオオハンゴンソウ、セイタカアワダチソウ、アレチウリ等が入り込んでいて自然再生が必要なところなどの植生をチェックしていきました。

この踏査の結果、磐井川本流よりは支流のほうがはるかに植生や生態系が豊かだとわかりました。その支流のひとつが久保川です。また、この踏査で見つけた、リバートレッキングコースに最適な河畔林を二〇〇五（平成一七）年に購入し、その後、全長約二キロメートルのトレッキングコースと、コース入り口のスギ林の部分を「ク

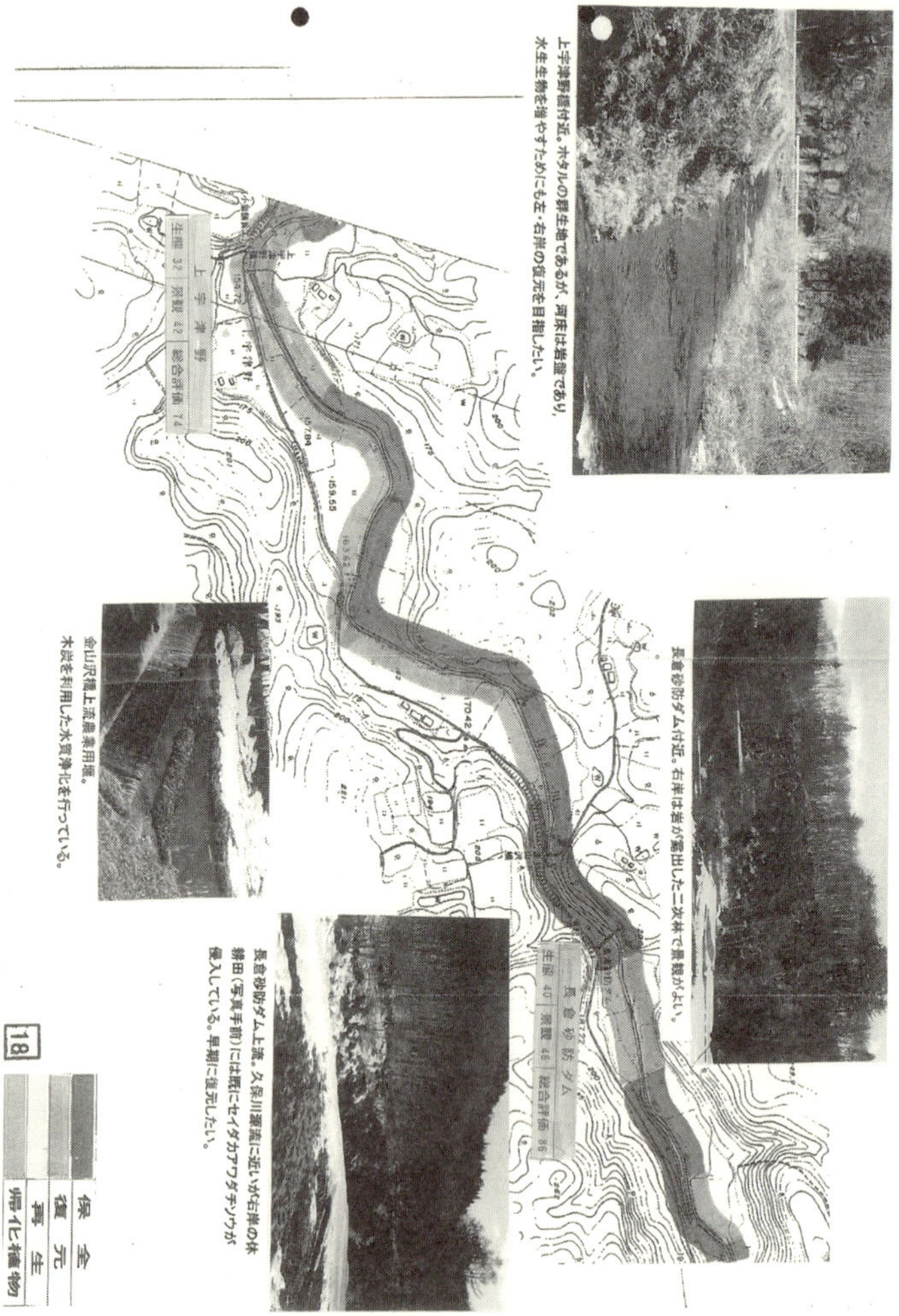

図 4-8 「水環境ネット磐井川」での景観・生態調査報告書の一部。久保川をくまなく歩き回り、外来種の侵入状況を記録していった

ラムボン広場」として整備しました（第二章、図2-12、2-13参照）。樹木葬墓地契約者の皆さんや研修生の方々に、久保川沿いの自然を体験してもらうフィールドができたわけです。

久保川イーハトーブ世界の生物多様性を科学的に調査

久保川流域の踏査を終えて、心残りとなっていたのが溜め池でした。調査によって、オオハンゴンソウやセイタカアワダチソウなど、河畔での侵略的外来生物による生態系の危機は理解していましたが、溜め池までは調査ができなかったのです。そこで私が注目したのが、保全生態学の権威である東京大学大学院農学生命科学研究科教授の鷲谷いづみさんでした。

鷲谷さんはたいへんお忙しい方で、講演をお願いしても時間を合わせることができません。それでも諦めずに、クラムボン広場や、そこで見つかったサクラソウの写真を添えて再度お願いしたところ、二〇〇六（平成一八）年に、ようやく来ていただくことができました。サクラソウの写真を入れたのは、『サクラソウの目――繁殖と保全の生態学（第2版）』（地人書館）という本をお書きになっていて、「サクラソウと聞けばどこへでも飛んでいく」と言われている鷲谷さんの興味を惹きつけるための作戦でしたが、これが大成功。その時は「時間が二時間ほどしかない」というのにもかかわらず、わざわざお立ち寄りくださったのです。

図 4-9　晩秋の溜め池。自然再生対象地区内には大小合わせて 500 以上もの溜め池がある

その時は、クラムボン広場や自然体験研修林、そして周囲の状況を急ぎ足で見ていただきました。しかしさすがに専門家であり、この地域の生態系の豊かさや希少さ、そして溜め池の重要性をパッと見抜いてしまわれました。そしてその場で「来年には学生を調査によこします」ということになったのです。その判断の速さには、こちらが戸惑ってしまうほどでした。

二〇〇七（平成一九）年から、鷲谷さんの指導の下に東京大学保全生態学研究室の学生による調査が始まり、この地域の生態系の豊かさ、そして危うさが具体的に明らかになってきました。時期を同じくして私も「久保川イーハトーブ自然再生研究所」を設立し、宿泊場所を提供したり、調査のための自転車や

図4-10　サクラソウの力を借りて鷲谷いづみさんとの出会いが可能になった

自動車を貸し出したりといった調査のサポートを行うようになりました。

そんな経緯から二〇〇八（平成二〇）年、鷲谷さんから自然再生推進法に基づく自然再生協議会を立ち上げるよう、ご提案をいただきました。そのことを受けて二〇〇九年（平成二一）年、東京大学保全生態学研究室で全体構想や実施計画について検討を行った後に「久保川イーハトーブ自然再生協議会」を設立し、東京大学と知勝院、そして久保川イーハトーブ研究所の協働による「久保川イーハトーブ自然再生事業」に取り組むことになったのです。

図 4-11　知勝院職員によるセイタカアワダチソウ除去作業

久保川イーハトーブ世界での作業と支えてくれる人たち

知勝院では「地域の生態系を保全する」という寺院規則に則って、第二章に記したように知勝院が所有している樹木葬墓地、自然体験研修林、クラムボン広場での里山整備と自然再生の活動を行っています。また二〇〇三（平成一五）年からは、久保川流域の護岸工事などによって侵入してきたセイタカアワダチソウの除去作業も行ってきました。年間に処理するセイタカアワダチソウの量は、二～四トン。これもなかなかたいへんな作業です。さらには「久保川イーハトーブ自然再生事業」への着手とともに、ウシガエルなどの防除作業も始めています。

図 4-12　東京大学保全生態学研究室の学生による生物調査

これらの仕事は、どれも地味でたいへんな作業です。そのため知勝院では外仕事の職員として、樹木葬墓地には専任職員の男性が一名、草取り、落ち葉かき、施設掃除の準専任の女性二人、また自然体験研修林、クラムボン広場、第二墓地などの間伐、草刈り、炭焼きなどには担当の専任職員の男性が一名、準専任の男性が二名います。祥雲寺の檀家の集まりである「祥友会」の皆さんも、セイタカアワダチソウの除去や樹木葬墓地内の落ち葉かきなどを随時応援してくれています。

そして、知勝院の活動を支えてくれているのは、何と言っても樹木葬墓地の契約者の皆さんです。従来型の檀家制度による墓地が嫌だからということで決めていただいた人がほとんどで、契約当初は私のねらいを完全には理解できなかったことでしょう。里山の生物多様性に満ちた世界の素晴らしさは、私同様、契約者の方も漠然としか感じていなかったはずです。しかし、春、秋、冬の研修会を通じて、気づきを重ねてきたことで、今では私たちがやろうとしてくれることを本当の意味で理解してくれ、樹木葬のファン、そして久保川イー

山菜の仕分け（上）と食事会（中）、山菜料理（下）

図 4-13　春の研修会の楽しみのひとつは、山菜採りとその料理

ハトーブ世界のファンになってくれています。

樹木葬墓地契約者の六割以上が首都圏の方々ですが、この研修会を通じて親密な〝墓友《はかとも》〟となり、共同体的な感覚ができ上がっています。ただ墓地を提供するだけではなく、縁のあった

山の斜面で急に方向転換するとき、日本製のかんじきは敏捷性を発揮する

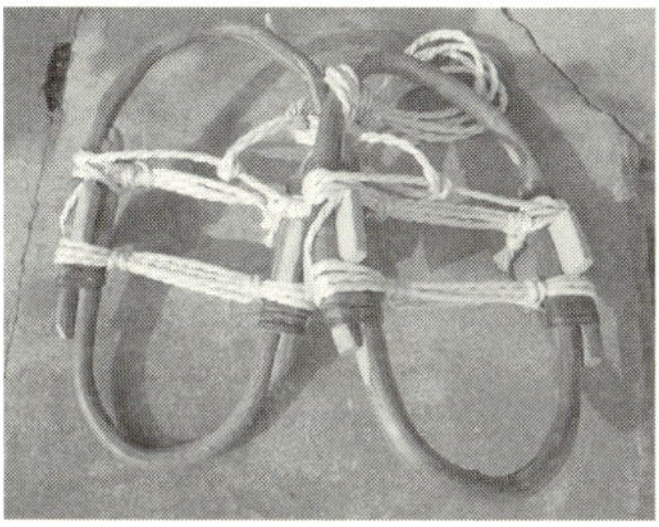

かんじきの輪はアブラチャン、爪はイタヤカエデ、蔓はサルナシ

図 4-14　冬の研修会ではかんじきで雪上を歩き、昔の人の生活の知恵に思いを馳せる。研修会は楽しみながら里山の生物多様性を学ぶ場。樹木葬墓地契約者たちは研修会を通じて親密な“墓友”となっていく

人たちがつながっていくことが大切なのだと、つくづく思います。

地域の縁を気づかせてくれるのが人の縁

このように、これまで私や知勝院の活動は、たくさんの人たちの協力や応援によって支えられてきました。特に、自然や生態系に詳しくなかった私に対して、この地の自然の素晴らしさや生態系の豊かさを気づかせてもらったことは、本当にありがたいことでした。

私は、皆さんの前でお話をする機会や、ものを書いたりする機会があるときには、いつも「地元のことを知ろう。自分の縁を知ろう」と主張しています。しかし正直に言えば、この縁というものは、なかなかわからないものです。しかし、人の縁を通じて、さらなる縁を深めることはできるのです。

私は、一関の歴史についてはある程度の知識は持っていましたが、地域の自然や生態系の素晴らしさには、ほとんど気づいていなかったのです。それが、千葉喜彦さんや鷲谷いづみさんによって、当初私が考えた以上に、この地域の里山里川は魅力あふれるところであることに気づくことができました。また、大学院生の調査に同行することで、夜に懐中電灯で溜め池の生き物を観察したり、夏毛の鮮やかなテンと何度も遭遇したり、ノスリがスズメを襲っているの

図4-15　夏毛のテン。とてもすばしこく、いつも出会いはほんのわずかな時間

を初めて見たりと、そのつど久保川イーハトーブ世界の今まで知らなかった姿を発見しています。

そしてまた、私がいくら「久保川イーハトーブ世界の里山は素晴らしい。この生物多様性を守らなければならない」と言ったところで、専門家ではない私の意見には説得力がありません。しかし、そのことを鷲谷さんが客観的に評価し、発表してくれることで、その価値はがぜん上がります。このような縁を深める人とのつながりも、やはり縁なのです。もし、各地で活動をされている方が、自分の活動フィールドとの縁を深めたいと考えるのならば、様々な視点を持った人を仲間に引き込むことが大事だと思います。

図 4-16　鷲谷いづみさん（左）、千葉喜彦さん（右）と私（中央）。人とのつながり、縁の大切さを感じる

第五章

久保川イーハトーブ世界の生物多様性と迫り来る危機

これまでは、どちらかと言えば、久保川イーハトーブ世界の自然を守っていく活動の紹介が中心で、まだその自然がどのようなものか、具体的にはお話ししていませんでした。それを伝えるには、この地に来て、久保川流域を歩いて実際に見ていただくのが一番ですが、この章では、写真を交えながら、久保川イーハトーブ世界の四季を彩る生き物たちを紹介し、その自然の豊かさを感じ取っていただけたらと思います。

希少な生物たちの命に満ちた多様な水環境

久保川イーハトーブ世界に多数ある溜め池は、水田の上部、稜線《りょうせん》近くにつくられているため、水田で使われる肥料や農薬が流入することがありません。もちろん溜め池の上には人家等もないため生活排水が流入することもなく、富栄養化や汚染から免れています。そのため、溜め池のほとんどは底が見えるほど水が澄んでおり、水生昆虫や両生類、水生植物、魚類など多くの生命で満ちあふれています。

春、暖かな日差しを受けて溜め池の水温が上がり始めると、ヨシノボリやシナイモツゴといった魚たちが活発に動き始めます。かつては日本中どこにでもいたのに、現在では希少種になってしまったメダカもいます。雑木林で越冬していた水生昆虫たちも戻ってきます。

図5-1　久保川イーハトーブ世界の生態系を特徴づける溜め池

初夏から夏には、バイカモ、タヌキモ、ジュンサイ、ヒツジグサといった水生植物の花を愛《め》でることができます。真夏には黄色いコウホネが顔を見せてくれます。

清らかな水面と接する池際は、スポンジのように柔らかな水苔《みずごけ》に被われ、水草と水生植物の間ではイモリやモリアオガエル、トウキョウダルマガエルなどが、そして水辺ではモートンイトトンボやオゼイトトンボ、ハッチョウトンボなどが戯れています。

このように久保川イーハトーブ世界の溜め池では、全国的に滅びつつある淡水性の絶滅危惧種や希少種を、普通に見ることができるのです。

もちろん棚田《たなだ》自身も、久保川イーハトーブ世界の生物多様性の一端を担っています。特に水張り休耕田にはタニシが多く、このタニシを餌にするヘイケボタルが七月中旬には大発生します。棚田の畦《あぜ》も見逃せません。オオニガナ、サワギキョウ、モウセンゴケ、ムラサキミミカキグサなどの湿地性植物を数多く見ることができます。

同じ水環境でも、久保川そのものは、川沿いの水田からの肥料が川に流れ込んで富栄養化が進んでおり、アブラハヤ、ニゴイといった汚れに強い魚のみが目立つ川となってしまっています。

シナイモツゴ、♂

シナイモツゴ、♀

ギバチ

メダカ

図 5-2　溜め池の魚たち

しかし久保川に注ぐ数々の沢には、イワナのような清流を好む魚たちが暮らしています。また、これらの沢にはカワニナも多く、このカワニナを餌とするゲンジボタルが、六月下旬から七月上旬にかけて見られます。

一方で、久保川イーハトーブ世界内にある久保川の支流、栃倉川《とちくらがわ》には魚種が多く、このことは、かつての久保川も数多くの魚が暮らしていたであろうことを教えてくれます。清流の砂地を好むシマドジョウは、栃倉川を代表する魚です。

バイカモ

ジュンサイ

ヒツジグサ

図5-3　水生植物

トウキョウダルマガエル

モリアオガエルの卵

ハッチョウトンボ

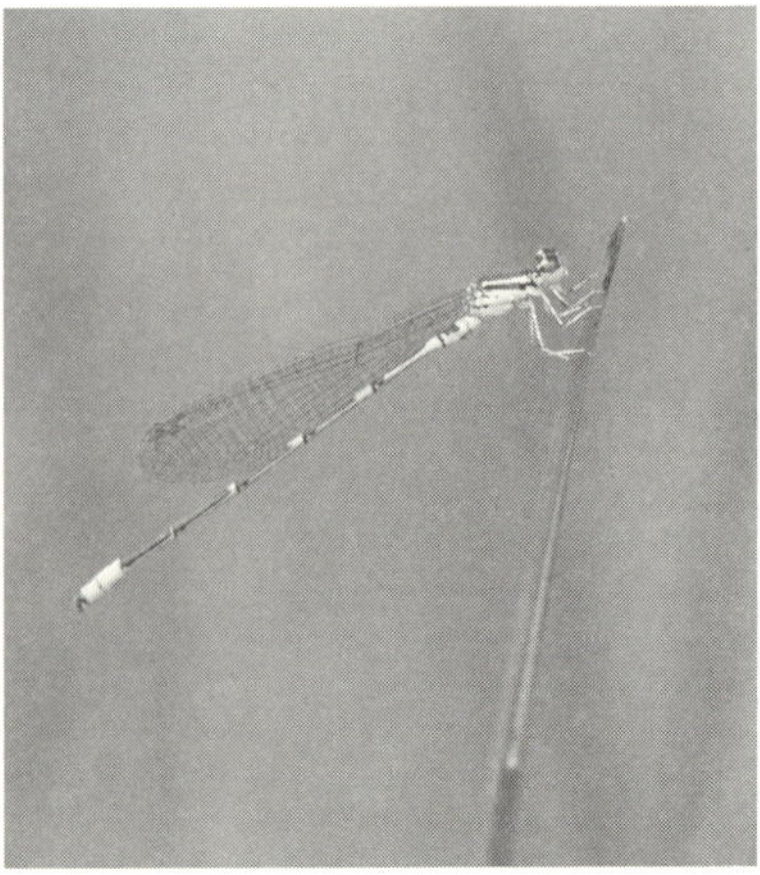

オゼイトトンボ

図 5-4　池際の生き物たち

図 5-5　畦の湿地性植物群落（カタクリとショウジョウバカマ）

図 5-6　湿地性植物のウメバチソウ

図 5-7　久保川に乱舞するゲンジボタル

図 5-8　シマドジョウ

里山の四季を彩る数々の生き物たち

久保川イーハトーブ世界の生物多様性を形成している両輪の片方を、溜め池を中心とする水環境とするならば、もう片方は里山だと言えるでしょう。

炭材やほだ木として利用するために伐採更新されたことによって日光が林床に差し込み、また堆肥づくりのために適度に落ち葉が取り除かれた雑木林は、多様な山野草や樹木が、季節に応じた鮮やかさを見せてくれます。

妖精たちの春

久保川イーハトーブ世界の里山に、春の訪れを真っ先に知らせてくれるのは、日溜まりにひっそりと咲くミスミソウ（雪割草）とシュンラン、北向きの斜面で湿り気のあるところに咲くショウジョウバカマ。次いで四月頃にはサクラソウの群落が目を覚まし、よく似たクリンソウも層をなした見事な花を咲かせます。カタクリやキンラン、ギンランも、少しずつ濃くなり出した木々の緑との見事な調和を見せてくれます。春の日当たりの良い林縁や野原で目立つのは、エイザンスミレなどのスミレの仲間やチゴユリ。スミレやチゴユリより、やや湿り気のある場所

クリンソウ

ショウジョウバカマ

ササバギンラン

キンラン

図 5-9　春の山野草たち（1）

チゴユリ

キクザキイチゲ

図 5-10　春の山野草たち (2)

図 5-11　里山を彩るヤマツツジ

に咲くヤマルリソウも、その鮮やかなルリ色が人目を引きます。これらの可憐な山野草たちは、まさに春の妖精と言えるでしょう。

もちろん山野草だけではなく、樹木も負けてはいません。新緑の木々の間に霞み立つように、カスミザクラが白い花を浮かべます。カスミザクラはヤマザクラに似ており、岩手県人の多くはカスミザクラを誤ってヤマザクラと呼んでいますが、ヤマザクラの自生地は宮城県までです。樹皮は美しい縞模様を持ち、茶筒などの工芸品に使用されますが、そのために樹皮を無断で剥がす悪徳業者が多く、この地域のカスミザクラにも痛々しい痕跡が残っているのは困ったものです。そして、ゴールデンウィーク過ぎの里山の主役を張るのは、この地域の管理された里山の低木の優占種となるヤマツツジたち。春爛漫という言葉は、このヤマツツジたちにこそ相応しい言葉です。

白い夏

初夏、五月下旬から六月上旬になると、ニッコウキスゲの群落が見られるようになります。また、数年に一度、梅の花に似たバイカツツジが、雑木林の木々の根元に一斉に咲き、真っ白な絨毯《じゅうたん》を敷いたようになります。さらに、緑白色の花が行列のように咲くナルコユリや、白く清々しい花を咲かせるミヤマナルコユリが、緑濃くなった里山に一服の清涼感を与えてくれます。道端には、エゾタンポポが、セイヨウタンポポに負けずにたくましい姿を見せてくれます。エゾタンポポは本来春の花なのですが、久保川イーハトーブ世界の道端はこの時期、ヤマボウシやガマズミなどの木々とイワガラミなどの蔓《つる》性植物が道路を暗くしてしまうので、初夏の花

バイカツツジ（右）

ミヤマナルコユリ（下）

エゾタンポポ

図5-12　初夏の花

となっているのです。

ウツボグサが道路際に咲き始め、オオバギボウシが花を終えて豊かな葉を茂らせる頃、久保川イーハトーブ世界は本格的な〝白い〟夏を迎えます。林内の散策道脇に群生するのはオカトラノオ。白い花穂はきれいですが地下茎で増えて他の山野草を駆逐するので、ある程度間引いています。また、同じ道脇には、ロゼット状の葉のノギランが、目立たないながらも頑張って

ウツボグサ

オオバギボウシ

図 5-13　夏の到来を告げる花

オカトラノオ

タカネアオヤギ

チダケサシ

ヨツバヒヨドリ

図 5-14 “白い夏”を演出する野草たち（1）

ゲンノショウコ

クサボタン

図 5-15 “白い夏”を演出する野草たち (2)

います。目立たないと言えば、稲穂に似た小さい花を咲かせるけれど真夏の深い緑のなかに埋没してしまい、そばを通り過ぎても気がつかない人が多いのがホツツジ。タカネアオヤギやヨツバヒヨドリ、チダケサシ、トリアシショウマといった花たちも、ありふれているが故に、あまり人々に顧みられることはありませんが、夏の里山の〝白さ〟の演出には欠かせない脇役たちです。昔から下痢止めとして活用されていたゲンノショウコやクサボタンも、小さな白い花

クルマユリ

ヤマユリ

図 5-16　夏の里山の主役たち

を咲かせます。そんななか、ツクバネウツギのなかがクリーム色、外が白の楚々《そそ》とした清涼感にあふれる花は、北限に当たるのか数は多くありませんが、その存在は特に目立ちます。

　この時期の里山を突き抜ける芳香を放つのは、ヤマユリやオニユリといったユリの仲間たち。久保川イーハトーブ世界の一角に小群落をつくっているクルマユリは、深山の草原に生える多年草と図鑑にありますから、里山では希少種と言えるかもしれません。これらは、まさに里山の女王といった貫禄を示しています。

　白が目立つ里山ですが、崖下で水が染み出しているような小さな湿地や流れの縁には、フシグロセンノウが鮮やかな赤い花を咲かせており、夏の王者の貫禄があります。このような場所には、カキランも顔を見せてくれます。花は柿色で地味なのですが、他の草と混じると、妙に光り輝くしぶさを持っています。

フシグロセンノウ

カキラン

図 5-17　夏の湿地で存在を主張する花

青と紫の秋

キキョウが凛《りん》としたすがしい姿を見せる頃、里山にも秋が到来し、その彩りは白から青や紫に変わります。

木陰にはイヌトウバナが、そして秋の里山の代表格であるリンドウやツルリンドウ、ノコンギクが姿を見せてくれます。九月に入ると湿地にはサワギキョウの真っ青な群落が広がります。秋の里山でよく見られるセンブリも、花は白色ですが、よく見ると可愛い五本の紫色の筋を持っています。

キキョウ

リンドウ

図 5-18　秋の到来を告げる花

ノコンギク

サワギキョウ

センブリ（右）と
アキノキリンソウ（左）

図 5-19　里山の秋を彩る野草たち

図 5-20　ツルリンドウの実。秋もそろそろ終わりだ

そんな青や紫の花が大勢の秋の花のなかで、黄色い花を咲かせるアキノキリンソウがひとり気（黄？）をはいています。

静寂の冬

雑木林の落葉樹がすっかり葉を落とした冬、里山は雪に覆われます。須川岳が寒気をさえぎる衝立《ついたて》となっているため、久保川イーハトーブ世界に積もる雪はそれほど深くはありませんが、それでもシンとした静寂を生み出すには十分です。

この時期、雪の上にはタヌキ、キツネ、イタチ、テン、ノウサギ、カモシカなどの足跡があちこちで見られます。普段はなかなか姿を見ることができない野生動物たちの痕跡がはっきりと残る冬は、久保川イーハトーブ世界の生物多様性の豊かさを実感できる季節でもあるのです。

図 5-21　雪上に残された動物（タヌキ？）の足跡

図 5-22　雪かきしたところを歩く子ダヌキ。やつれた姿から食料探しの厳しさがわかる

図 5-23　春の溜め池と雑木林。里山の雑木林は溜め池と密接な関係を持つ

雑木林と溜め池の関係

　里山の雑木林は、それ自身が生物多様性を育むだけではなく、溜め池などの水環境の生物多様性とも密接な関係を持っています。

　秋、溜め池に隣接した雑木林から飛んできたコナラなどの落葉が、池の底に沈みます。この落ち葉は、やがて微生物によって分解され、溜め池の生態系における食物連鎖の底辺を担う貴重な栄養分となるのです。溜め池の水田側は、水田に日光が十分に当たるようにするために樹木がすべて伐採されており、溜め池に過剰に落ち葉が沈むことはないので、富栄養化には至りません。ほどほどの栄養状態で保たれていることが、豊かな生態系をつくり出しているのです。
また、雑木林は、水生昆虫の越冬地にもなっています。

久保川イーハトーブ世界が直面している危機

ここまでで、久保川イーハトーブ世界の生物多様性の豊かさは、十分にご理解いただけたと思います。しかし、久保川イーハトーブ世界の地域内が、すべてこのように素晴らしい自然を残しているわけではありません。特に里山林は現在、その多くが荒廃しています。

かつて薪炭材として活用されていた雑木林は、燃料革命によってその役割を失い、かつてのような伐採更新が行われることがなくなってしまいました。同時に化学肥料が普及したことにより、落ち葉かきが行われることもなくなりました。伐採更新が行われなくなった雑木林の林床は、比較的乾燥した場所にはササが、やや湿り気のあるところはハイイヌツゲが占有してしまっています。このような雑木林では、生物多様性は望めません。たとえササやハイイヌツゲに占有されていない雑木林でも、落ち葉かきが行われなくなると、深く積もった落ち葉が多くの山野草の芽吹きの妨げとなってしまっています。

また、戦後の木材需要増大の折りに全国の里山を席巻《せっけん》した拡大造林の波はこの地にも押し寄

図 5-24　セイタカアワダチソウなど外来植物が繁茂した休耕田と管理放棄された人工林

せており、雑木林の多くがスギの人工林へと姿を変えてしまいました。それだけでも生物多様性の観点から見ればマイナスなのですが、近年の日本林業の不振によって、本来行われるべき間伐が行われず、混み合った林内は全く日光が差し込まずに真っ暗になってしまっています。ササでさえ生えないような真っ暗な林床では、山野草が育つべくもありません。

このように里山では、雑木林、人工林とにかかわらず、人の手が入らなくなり、木が伐られなくなったことによって、荒廃の危機に瀕しています。

また、溜め池と棚田を中心とした特徴的な水環境も、中山間地域の人口減少や高齢化が進むことによって、その維持・管理が難しくなっています。化学肥料や農薬の使用などの

図5-25　アレチウリ。蔓で巻き付き、凄まじい成長力と繁殖力で樹木を被い、枯らしてしまう。生態系への影響が甚大で、特定外来生物に指定されている

影響によって、希少な水生生物が減少しつつあるようです。

さらには、この地域にも近年多くの侵略的外来種が侵入してきており、里山や棚田の管理放棄と相まって、久保川イーハトーブ世界の生物多様性を脅かし始めています。護岸工事をした久保川沿いの休耕田にはセイタカアワダチソウ、オオハンゴウソウ、ハリエンジュなどの外来植物が繁茂し始め、また十年ほど前からは溜め池へのウシガエルの侵入が始まっています。特に近年、アレチウリやハルザキヤマガラシの侵入が目立ち、深刻な事態となっています。

図 5-26　研修生による落ち葉かき。里山の保全・再生には、手を入れることが欠かせない

生物多様性を守るための知勝院の役割

久保川イーハトーブ世界のうち、現在知勝院が所有し、管理しているのは、樹木葬墓地の二万七〇〇〇平方メートル、第二墓地を含む自然再生地の一八万平方メートル、自然体験研修林の二万四〇〇〇平方メートル、クラムボン広場の七八〇〇平方メートルなどを中心とする約三十万平方メートルです。これらはすべて、元々は荒れ果てた里山でしたが、現在では私たちが手を入れていくことによって、前述したような豊かな生物多様性を取り戻し始めています。

図 5-27　アナゴ篭を使ったウシガエルの駆除。外来種の駆除は里山再生にとって重要な作業である

そしてまた、東京大学大学院農学生命科学科保全生態学研究室との協働によって久保川イーハトーブ世界の生物多様性の重要性を科学的に明らかにしたうえで、この希少で豊かな生物多様性の保全再生を東京大学や関係NPO、そして多様な市民の皆さんと共に守っていこうという「久保川イーハトーブ自然再生協議会」を二〇〇九（平成二一）年に立ち上げ、自然再生推進法に基づいた「久保川イーハトーブ自然再生事業」を行っています。

知勝院の役割は、久保川イーハトーブ世界でかつての農家が行っていた落ち葉かきや下草刈り、間伐といった作業、そして棚田での生産などを復活すること、そして侵略的外来種を排除していくことによって、久保川イーハトーブ世界独特の生物多様性に満ちた空間を再生・保存していくことです。そして、自然と共生してきた日本の里山里川の素晴らしさを、世界に発信していきたいと考えているのです。

特別寄稿

久保川イーハトーブ世界の生物多様性の保全・再生

東京大学大学院農学生命科学研究科教授　鷲谷いづみ

日本型「緑の埋葬」としての樹木葬

日本では「温暖化」と表現されることの多い「気候の危機」とともに、私たちが今どのように対処し行動するかで、子や孫の人生に大きな影響を与えることになりそうなもうひとつの問題が「生物多様性」の危機、すなわち、地球上の大多数の生命にとっての生存環境の人為的悪化の問題です。問題がどれほど深刻なものなのかについては、二〇〇〇年以降に実施されたミレニアム生態系評価（国連主導、二〇〇五年に報告書(注)）、地球規模生物多様性概況（生物多様性条約事務局が実施、第二版レポートは二〇〇六年、第三版レポートは二〇一〇年春に公表）

など、いくつかの地球規模のアセスメントによって明らかにされています。

危機の実態は、様々な事実や指標によって把握されています。例えば、地球の両生類の三分の一が絶滅の危険にさらされています。淡水生態系の無脊椎動物の指標個体群（温帯域の代表種四〇五種、熱帯域の代表種二六〇種を含む）の個体数は、一九七〇年から二〇〇五年の三五年間に地球規模で平均三五％も減少しました。外来生物が社会に課す貨幣換算可能な被害の額が、世界のＧＤＰの五％近くまで増加しています。これらの数字は、地球規模での環境悪化の深刻さの一端を物語っているといえるでしょう。日本も決して例外ではなく、かつて普通に見られた里や里山の生き物が絶滅を心配しなければならないほど減少する一方で、セイタカアワダチソウ、外来牧草、ブラックバス、ブルーギル、ウシガエル、アメリカザリガニなどが蔓延し、全国的に生態系の単純化、不健全化が急速に進行しています。

一方で、一九九〇年代に萌芽が見られた、生物多様性の保全と持続可能な利用のための新たな取り組みが、二〇〇〇年代になると本格的に発展するようになるなど、環境保全に対する認識が高まり、それに応じた実践が進められています。ヨーロッパでの生物多様性への直接支払いを伴う農業環境政策の展開、著しく不健全化した河川や湖沼の生態系のはたらきを回復させるための大規模な自然再生などです。日本でも、生物多様性基本法、外来生物法、自然再生推進法などの法律がつくられ、それに基づく対策も始まりました。しかし、事態の悪化に対して実際の対策がなかなか追いつかず、新たな発想による取り組みや社会の様々な主体を広く巻き込む画期的な対策が求められています。

保全生態学の研究に携わっている私は、国内での実践だけでなく、海外の様々な取り組みに関心を寄せています。それらのなかには、日本でも活用できる様々な工夫や新しい発想のヒントを見出すことができるからです。二〇〇〇年代の半ば近くになった頃、ヨーロッパの農業環境政策とともに注目したのは、一九九〇年代にアメリカ合衆国西部で始まり今では欧米に広がりつつある新たな保全手法としての「緑の埋葬」です。それは、墓地という「死者のための聖地」を生物多様性保全のためのサンクチュアリー（聖域）として活用する実践です。

自然の保全ともかかわりの深い新たな「緑の埋葬」の創始者は、アメリカ合衆国の医師のビリー・キャンベルです。キャンベルによると、緑の埋葬には、環境負荷をもたらさない教会の敷地への簡単な埋葬も含まれるとのことですが、彼が重視したのは、科学的な計画に基づく自然保護区を設置する活動と関連させた統合的な実践としての緑の埋葬であり、一九九六年にそれを実行に移しました。緑の埋葬と生物多様性保全を統合した保護区として、南コロラドにラムゼイ・クリーク自然保護区をつくったのです。そこは、環境負荷のない形での埋葬を望む人たちの「緑の墓地」であるとともに、科学的な保全管理が行われる自然保護区です。

キャンベルにこの着想のきっかけを与えたのは、ニューギニア高地における埋葬に関する文化人類学的な知見であったそうです。そこでの伝統的な埋葬の地は、「聖なる森」と呼ばれ、材木の伐採や狩猟などの人間活動が禁止されているそうです。つまり、死者にとっての聖地であるだけでなく、野生生物にとっての聖域として、生物多様性の保全に役立つ墓地なのです。

広く世界に目を向ければ、おそらく各地に見られた伝統的な埋葬でもある緑の埋葬は、新たな意義を伴い、二〇〇〇年には、合衆国西部全域に広がり始めました。ニューメキシコ州には、コヨーテの生息域ともなっているピニオンマツやビャクシンの疎林を含む五二六〇ヘクタールの保護区は、その一画に四ヘクタールの「緑の墓地」が設けられ、墓地の使用料の半分が保護区全体の管理に使われているということです。新たなトラストの形態でもあるこのような「緑の埋葬」は、環境保全を望む人々に受け入れられ、生物多様性保全の一手法として、今後いっそうの広がりを見せるのではないかと思われます。

そのように考えていたところ、千坂嵃峰さんが考案された日本の里山保全によく合った「緑の埋葬」とも言うべき樹木葬の存在を知りました。講演の依頼をいただいた際に送っていただいた、樹木葬通信『樹木に吹く風』を拝読したのがそのきっかけです。そして、「花に生まれ変わった仏たちの聖地」として里山を持続的に管理することは、日本各地で風前の灯火とも言える里山の生物多様性の保全・再生の手法として、大きな可能性があると感じました。今の日本に必要な緑の埋葬とは、まさにこのようなものなのではないかと直感しました。

千坂さんが記していらっしゃるように、日本では、都市周辺では墓地開発が里山の自然を蚕食しています。これからますます人口は都市に集中し、社会は高齢化します。この傾向はいっそう強まり、都市近郊に残された里山の景観と生物多様性がその犠牲になる可能性は極めて大きいものではないかと予想されます。里山を破壊した「墓石とコンクリートの墓地」では決して浮かばれることのない、「自然との共生」を望む仏さまたちも、少なくないのではないでしょうか。

それに対して、千坂さんの提案した樹木葬は、それとは全く反対の方向、つまり里山の自然再生に寄与する埋葬法です。すなわち、手入れ次第で素晴らしい自然が蘇る可能性を残している地方に、都市の住民が出かけていき、そこを墓地とすることで里山を蘇らせる取り組みに積極的にかかわるのです。知勝院では、以前には管理放棄されていた里山のみならず、棚田、溜め池の環境を蘇らせながら、墓地と境内の整備を行っています。墓地の拡大とともに、地域の里山と里の水辺がいきいきとした姿を取り戻していくのです。生前に自然に想いを寄せていた仏さまたちにとっても、そのご遺族にとっても、また過疎化が進んで土地の管理に手をかけることのできない地域にとっても、これほど素晴らしいことはないのではないかと思います。

手入れが行き届かない人工林に手を入れ、明るい環境を取り戻されると、様々な野生植物が再びそこで花を咲かせます。昆虫相もまた、かつてのような豊かさを取り戻します。地域の低木からそれぞれに好きな木を選んで墓標とするというのも、生態学的な見事な発想です。低木であれば、明るい森の下ではそれほど大きくはならず、可愛らしい花を咲かせたり実を実らせて、目を楽しませてくれます。訪れる人々にとって心安らぐだけでなく、生物多様性に満ちた空間がつくられるのです。知勝院では、そのような里山再生・保全活動に都市の人たちが様々な形で参加する機会をつくり出しています。

知勝院には、樹木葬墓地契約者や遺族の首都圏の人たちが多く訪れます。その機会は、仏さまたちと心を通わせる機会として貴重なだけではなく、里山に息づいている野の花や虫や鳥や魚や鳥など、おびただしい命との交流の機会としても大きな意味を持っていると思われます。また、行事の折には、地域の人たちが農産物、ブドウ酒、チーズなど、この土地ならではの産品を持ってきて露店を出し、都市からやって来た人たちと交流します。地方と都市との交流のモデルとしても、樹木葬は大きな可能性を持っているのです。

私が、二〇〇六年に時間をやりくりしてこの地を訪れたのは、サクラソウの自生地があるからということよりも、実は、このような多様な価値を持つ取り組み自体に魅力を感じていたからです。第四章にも記していただいているように、初めての訪問は二時間という短いものでした。初対面の千坂さんと千葉さんに久保川河畔のトレッキングコース、知勝院等をご案内いただき、また、お話をお聞きしました。自分の目で確かめ、また、実際に実践をされているお二人からお話をうかがうことで、この取り組みが保全生態学の視点から見ても、たいへん意義のあるものであることを一瞬のうちに確信することができました。保全生態学研究室がかかわりを持つのにふさわしい取り組みであるとの私の判断に十分な情報をいただくのに、二時間は十分な時間だったのです。

里山・里・水辺の生物多様性の総合的な再生

千坂さんが言葉を尽くして丁寧にご紹介されているように、知勝院が取り組んでいる地域の里山と水辺の保全・再生の活動の場は、樹木葬の墓地だけではありません。手入れが遅れた人工林に加えて、管理放棄された雑木林もこの地域には少なからず見られます。それらは、林の下が暗く、全体として生き物の気配に乏しい、「うち捨てられた」寂しい雑木林です。知勝院はそんな林を自然体験研修林として購入し、里山林にふさわしい管理を施しています。管理をした場所では、すでに数百種の下層植物と多様な昆虫が蘇っています。

六月初めには、ニッコウキスゲがそこここに咲き乱れ、エゾイトトンボがさわやかな水色のスリムな体を草むらに見え隠れさせつつ飛び回る様子を見ると、これこそがイーハトーブなのだと実感することができるでしょう。湿地の周りには花を終えたサクラソウが、タネをいっぱい詰まらせた実をつけてたたずんでいます。四季折々の彩りと生き物のにぎわいに満ちた心地良い空間は、契約者の方たちの、汗を流しての研修が蘇らせた明るい里山の雑木林なのです。

この地域は、自然史の研究者にとっては、宝の山と言えるほどの生物多様性に満ちた地域です。大きな魅力のひとつが近隣に千箇所以上もあると言われる小規模な溜め池です。地元の皆さんが「つつみ」と呼ぶ、水田一～数枚の上にある溜め池は、イネだけでなく生物多様性をも育んでいるのです。その多くは水草が豊かで、希少な種も含めて多様なトンボが生息しています。

この地域の溜め池は、未だ幸いなことに、全国的に溜め池の生物多様性を脅かしている、ブラックバス、アメリカザリガニ、ウシガエルなどの悪食の外来生物の影響がそれほど大きくはなっていません。全国的に見ると、これら外来生物に蹂躙《じゅうりん》し尽くされたと言ってもいいような「殺伐とした単純な」溜め池が少なくありません。これら外来生物の姿が少ない溜め池がネットワークをつくって存在するこの地域は、淡水生態系の生物多様性保全上の重要性が極めて高い地域であると言えるのです。

画一的な農地整備が行われていないことも、この地域の水田生態系を貴重なものとしています。大畦にカタクリやショウジョウバカマほか、百種を超える野草が生えている田んぼがあるというのも驚異的です。植物の多様性の高さは、後で触れるように比較的貧栄養な条件であるということに加えて、丁寧に草刈りをされている農家の方たちのお骨折りの賜です。

秋に樹木葬墓地や久保川のトレッキングコースを歩いて、とても清々しい気持ちになれるのは、今では日本中の秋の景色を黄色くしてしまうセイタカアワダチソウやオオハンゴンソウをはじめとする外来植物が、放置されることなくしっかりと管理されていることによっています。昔ながらの日本の秋の風景を楽しめる地域は、今では希ですのでこのことはたいへん貴重です。セイヨウタンポポやセイタカアワダチソウなど外来植物の管理が行われており、四季折々に野の花が咲きつなぐ田園風景は、自然愛好者には、最高の癒しを与えてくれる景色であると言えるでしょう。

保全生態学研究室の研究と自然再生協議会の発足

この土地が、豊かな植物の多様性を誇っているのは、千坂さんも記していらっしゃるように、比較的新しい火山灰土壌の貧栄養な条件にもよっています。それは少数の競争力の強い植物だけが優占することなく、多様な植物の共存を許す条件です。昨今では、化学肥料を多用する農業が世界中で行われていることにより、植物が利用できる窒素は四十年前の二倍にもなっています。肥料分のリンも同様です。地球全体の富栄養化とも言えるこの事態は、生物多様性と健全な生態系を維持するうえで重大な問題として認識されています。

一方で、溜め池や畦の生物多様性の豊かさは、大規模な農地開発が行われていないことにもよっています。近代的な整備が過度に行われていない水田とその畦が、小規模ながら、いかに素晴らしい「湿地」であるのかということに私が気づくことができたのは、この地に足を運ぶようになってからです。

私の研究室の出口詩乃さんが、修士論文のテーマにしたのは、そんな畦の植生の種の豊かさを決めている要因についてでした。現地調査と統計的な解析の結果、在来の湿地植物の多様性の高い畦が見られるのは、圃場整備が行われていない、やや傾斜のきつい地形の棚田であることがわかりました。溜め池と小河川の魚類を研究したのは、その下の学年の宮崎佑介君です。関崎悠一郎君は、溜め池のイトトンボの多様性を決めている要因について研究をしました。これら若い人たちとそれを現地調査やデータ解析で援助した研究室のポスドクやスタッフの努力により、千坂さんたちがご自身の調査で把握されていた情報に加え、この地域の生物相の豊かさに関する科学的な情報が充実しました。

私の研究室の研究員で久保川イーハトーブ自然再生研究所の研究員でもある、須田真一さんと西原省吾博士は、溜め池の水生生物の研究および外来種対策の研究を進めています。研究室のメンバーがこの地域を調査地として研究を進めることにより、最初にこの地域を訪れた際に私が二時間ほどでつかみ取ったこの地域の持つ保全生態学的な価値とその価値を高める千坂さんたちの取り組みの意義が、科学的なデータによってしっかりと裏付けられました。

千坂さんたちのこれまでの活動は、この地域の自然再生のポテンシャルが極めて高いことを証明しました。放置された人工林も雑木林も適切に手が入れられれば、またたく間に野生の植物や昆虫の命に満ちた生き物と自然愛好者にとっての楽園になります。一九九〇年代に私が保全生態学の教科書を書いたときには、そのような里山管理の意義をどちらかと言えば理論的に捉えていました。自らも鎌ひとつで小規模な里山管理のようなことをして、植生管理の効果の大きさを実感はしていたものの、それよりはずっと大規模な管理の「絵に描いたような」素晴らしい効果を目のあたりにすることができたのは、保全生態学研究者冥利に尽きるというものです。そのような実践をしてこられた千坂さんや千葉さんの生物多様性への見識の高さには頭が下がる思いです。

それとともに、この地域を自然再生の実験場所として活用していくことの重要さを確信しました。研究室のメンバーによる調査・研究のデータが蓄積したこともあり、二〇〇八年の秋、千坂さんに、すでに進めている取り組みを自然再生推進法にのっとったものとするようお勧めしました。このような素晴らしい取り組みの成果を、この地域のものだけにとどめるのではなく、全国的なモデル、さらには世界的なモデルにしていただければという保全生態学研究者の思いからです。

研究室では、昆虫のことであれば何でも知っていると言えるほどのナチュラリストでもある須田真一さんが、久保川イーハトーブ自然再生研究所（所長は千坂さん）の主任研究員として協議会の立ち上げに関与することになりました。「全体構想」と外来種対策を主とする最初の「実施計画」の作成も久保川イーハトーブ自然再生研究所と保全生態学研究室で進める一方で、千坂さんが関係者に呼びかけて協議会への参加者を募り、私がお勧めしてから半年もたたないうちに協議会が発足しました。

民間発意ボトムアップの自然再生協議会による自然再生が、今後どのように展開していくのか楽しみです。ここを様々な新たな発想を試す実験場とし、そこで得られた経験と知見を広く世界に発信していくことができればと思っています。

（注）ミレニアム生態系評価については、鷲谷いづみ『サクラソウの目――繁殖と保全の生態学（第2版）』（二〇〇六年、地人書館）の第11章で紹介されている。

第六章　久保川イーハトーブ自然再生事業と地域づくりのこれから

生物多様性と地域の縁

人間は、生物種の絶滅速度を、この百年で千倍にも加速させてしまっていると言われていま
す。しかし、「生物多様性」とは何か、なぜ守らなければならないのかとなると、これはなか
なか難しい問題です。

生物多様性の問題が本格的に国際的な議論となったのは、一九九二（平成四）年にブラジル
のリオデジャネイロで開催された「環境と開発に関する国際連合会議（地球サミット）」です。
この生物多様性条約は締約国に対して、生物多様性の保全と持続可能な利用を目的とした「国
家戦略」の策定を求めており、これが現在わが国で展開されている生物多様性に関する様々な
施策の大本になっています。

二〇〇一（平成一三）年に国連が発足した生態系に関する世界的プロジェクト「ミレニアム
生態系評価」では、私たちが生態系からの享受している恩恵として、①水や土壌の形成など、
人間を含む生物が存在するための環境を形成し、維持する「基盤的サービス」、②集中豪雨や
気温の急激な変化、病害虫の急激な発生などの影響を緩和し、安全性を確保する「調節的サー
ビス」、③食料や水、燃料、建材、医薬品等、暮らしのうえで必要な様々な資源を供給する「資

図6-1　水田と溜め池、雑木林で形成される久保川イーハトーブ世界の典型的なランドスケープ

源の供給サービス」、④精神的、宗教的な価値を支え、文学や音楽等の文化的側面や観光資源としての地域を生み出す「文化的サービス」、の四つに分類しています。

ひるがえって久保川イーハトーブ世界を考えてみると、現在残されている水田や溜め池、そして雑木林がモザイクをなした特有の景観は、かつてこの地に暮らしていた人たちが、磐井丘陵帯と久保川の恵みによって生じた生物多様性や地形を活かして生活するために生まれた必然的な形です。かつての農家は、生活に必要だった堆肥にするための落ち葉や、燃料やほだ木を採るために雑木林に手を入れ、結果的にこの地域の景観や生物多様性が絶妙なバランスを保っていたのです。ですから、この特有の景観は、この地域の歴史であり、文化、すなわち縁が織りなす姿そのものだと言えるでしょう。

しかし、燃料革命や農林業の近代化・集約化など、地域の自然を活かすことを無視して合理性ばかりを重んじた方法が入り込んできたこと、さらには中山間地で人口減少・高齢化などによって、この素晴らしい景観を維持することが難しくなってしまっています。また、休耕田に繁茂し始めているセイタカアワダチソウやオオハンゴウソウ、ハリエンジュ、そして溜め池に侵入し始めているウシガエルなどの侵略的外来種も、この地の生物多様性を脅かす大きな要因となっています。

残念ながら、もう昔のような農業や自然と共生した暮らしに戻るのは難しいかもしれません。しかし、だからと言って、これまで培われてきた景観や生物多様性を失うわけにはいかないのです。それは、この地の歴史や文化、そして縁を捨ててしまうことにほかなりません。

初めての民間発意の自然再生事業

自然再生推進法は、過去に損なわれた生態系などの自然環境を取り戻すことを目的とした法律で、二〇〇二（平成一四）年に議員立法によって制定され、二〇〇三（平成一五）年一月一日より施行されました。その基本理念として、生物多様性の確保を通じて自然と共生する社会

図 6-2　久保川イーハトーブ自然再生協議会の発足

の実現を図ること、多様な主体による連携、科学的知見やモニタリングの必要性、自然環境学習の場としての活用などが定められており、実施には関係する各主体を構成員とする「自然再生協議会」を設置すること、「自然再生事業実施計画」を事業主体が作成すること等が定められています。

二〇〇九（平成二一）年五月一六日、私たちは、自然再生推進法に基づき、「久保川イーハトーブ自然再生協議会」を設立し、「久保川イーハトーブ自然再生研究所」と知勝院、そして東京大学保全生態学研究室を核とした協働によって「久保川イーハトーブ自然再生事業」を推進することとしました。現在、自然再生協議会は全国に二一ありますが、行政発意ではなく民間発意で、しかも資金も行政に頼らないものとしての結成は、本協議会が初めてです。

事業の目的

この自然再生事業では、その目的を久保川イーハトーブ世界に残された生物多様性や、それを支える人の営みを適切に評価するとともに、保全生態学を基礎とした科学的なモニタリングと検討に基づいて、生物多様性を脅かしている要因を丁寧に取り除くことで、積極的に生物多様性を再生し、恵み豊かな里地・里山の自然を次世代に引き継ぐこととしています。

この事業で重視するのは次の四点です。

①生物多様性に満ちた水田・溜め池を含む水辺と里地里山の自然環境を保全する。

②劣化しつつある地域にかつて存在した在来種から構成される生態系を再生させ、自然環境学習の場として役立たせる。

③里地里山の自然と人とのかかわりの維持・回復など、自然と共生する社会の重要性を内外に発信していく。

④再生された自然を活かした「里歩き」や、保全再生作業体験・自然環境学習をテーマとしたエコツーリズムなどによって首都圏と当該地域の交流を活発化する。

事業の項目と概要

目的の各項目を達成するために、当面実施を計画する事業の項目と概要は次の通りです。

①侵略的外来種の排除による溜め池環境の保全・再生

保全上重要な溜め池の調査と保全を進めるとともに、急速に分布を拡大しているウシガエルを中心とした侵略的外来種の排除や拡散防止を行うことにより、在来水生生物の保全・再生を図る。

②里地里山環境の保全・再生

保全上重要な地区や環境の調査と保全を進めるとともに、管理放棄された雑木林などの手入れによる在来植生の再生や、休耕田や放棄された溜め池跡などを利用した湿地再生、侵略的外来種の駆除作業などを行い、里地里山環境の保全・再生を図る。

③久保川流域の水質・環境改善

久保川流域では、水田などからの肥料や生活排水の流入による富栄養化や、大規模な堰堤やコンクリート護岸などによる環境悪化が進んでいるため、今後、啓発活動を介して、環境負荷の少ない環境保全型の農業への転換や、浄化槽設置による生活雑排水処理の推進、堰堤や護岸の改善などを地域住民や担当行政などに働きかける。

④自然環境学習と地域と都市の交流

地域住民、特に小中学校を対象とした自然環境学習や観察会などを行い、地域の自然や生物多様性の保全についての啓発を行うとともに、都市から定期的に訪れる知勝院関係者の研修として、自然再生事業地を利用した実践的な自然環境学習を企画・実施する。また、定期的に地域外からの広範な参加者を想定した交流行事「久保川イーハトーブ里歩き」などを開催し、再生されたこの地域の自然の様々な恵みを地域の人々と都市からの訪問者がともに享受する機会を設ける。そのようなエコツーリズムに資するフットパス（土地所有者が通行権を公衆に提供した、歩行者専用の小道）の整備や「里歩き地図」の発行などを自然再生の実践と関連させて進める。

期待される効果

この事業を実施することによって期待される効果は、次の通りです。

①溜め池環境の生物多様性の保全に向けて

最大の問題である侵略的外来水生生物の影響を排除・抑制することで、多くの希少種を含む、在来種から構成される生態系が今後も維持される。また、淡水生態系ネットワークが維持されることで、再生された溜め池環境への種の供給源としても機能する。

図6-3　ゲンジボタルの生息環境を整えるために、餌となるカワニナが発生しやすい沢の条件をつくる

②溜め池環境の生物多様性の再生に向けて

侵略的外来水生生物の影響を排除・抑制することで、在来水生生物、特に最も減少が著しかったゲンゴロウ類や水生半翅類など中〜大型水生昆虫の再生が見られる。さらに、再生された溜め池が加わることで、より豊かな淡水生態系ネットワークが構築される。

③人と自然のかかわりの再構築に向けて

侵略的外来種の問題や、在来生態系や生物多様性保全の重要性に対する意識が地域に浸透し、外来種をはじめとする生物の安易な持ち込み、飼育栽培や野外への放逐を未然に防ぐことができる。全国的に希少となった豊かな溜め池環境は、環境学習やエコツアーの場として活用され、地域のみならず、都市住民など地域外からの人も訪れるようになることで、溜め池環境の価値の再認識や都市と地域の交流も生まれ、生物多様性に富んだ農村集落の健やかな発展と維持に寄与することにつながる。

「世界に誇れる日本の里山」とこれからの観光地

「久保川イーハトーブ自然再生事業」の概要を読んでいただければおわかりのように、私たちは、ただいたずらに希少な動植物を守ろうとしているのではありません。豊かな生態系を再構築することはもちろんですが、そのことによって、この地域に本来のあるべき姿を地域の皆さんと一緒に考え、素晴らしい景観と文化を共有し、世界に向けて発信していきたいと考えているのです。

日本は現在、観光立国を目指しています。また生物多様性条約第一〇回締約国会議（COP10）では、里山に注目して生物多様性の保全と持続可能な利用のための「SATOYAMAイニシアティブ」を打ち出しています。そうだとすると、これからの日本の観光地は、自然景観やそこに息づく生物多様性、それらを活かした暮らしの文化を誇れるものにしていくべきだと思います。第三章で平泉の世界遺産についていろいろ書きましたが、諸外国に向けてその魅力を発信していくためには、これまでのような構造物の魅力だけでは駄目なのです。「久保川イー

図6-4 「にほんの里100選」に選ばれた「萩荘・厳美の農村部」。生物多様性と、中世の稲作景観を継承していることが評価の一因

ハトーブ自然再生事業」は、これからの日本の観光地のあり方を提言していきたいという気持ちもあるのです。

「観光」という言葉は、中国の古典『易経《えききょう》』からきた言葉です。ここでいう観光の「光」は、それぞれの国力（地域力）を指し、そこには人的資源も含まれています。しかし、人智を重んじる儒教的な思想傾向を根底に持っている中国人は自然よりも文化を重視し、自然を軽視したために、昨今の中国は、すさまじい自然破壊に到達しています。

一方でかつての日本は、自然に対する過度な働きかけをしなかったため、「里山」という人間と自然との緩やかな関係の日本的景観をつくり出してきました。

ところが戦後に入ると、先人がつくってきた環境の素晴らしさを認識せず、利便さのみを追求することで、自然への多大な負荷をかけるようになってしまいました。その結果、池が埋められ、木々は伐り倒され、川や用水路はコンクリートで固められてしまいました。世界遺産を目指している平泉は、まさにこのような悪しき産物の典型です。

久保川イーハトーブ世界の一部である「萩荘《はぎしょう》・厳美《げんび》の農村部」が「にほんの里一〇〇選」に選ばれたのは、このような状況への反省があったからこそなのかもしれません。この貴重な自然を後世に残していくことと、そして発信していくことで世界中の人たちにその素晴らしさを実感してもらうことこそが、知勝院の使命なのです。

自らの地域の魅力を意識した地域活性化へ

二〇〇九（平成二一）年四月一八日、「にほんの里一〇〇選」を記念し、これらの里に続く各地の里地、里山の活性化を促すためのイベント「にほんの里フェスタ」（財団法人森林文化協会主催）が、名古屋で開催されました。パネルトーク「里の力 再発見」では、選定委員によって「にほんの里一〇〇選」のうちの七カ所が紹介されたのですが、うれしいことに「萩荘・厳美の農村部」もそのうちのひとつとして紹介され、しかも他の地域がスライドが二枚なのに対

図6-5　人々が閉じこもりがちな厳冬期に、集いの場を提供することは、何よりの地域振興になる

して五枚も使ってもらいました。いかに久保川イーハトーブ世界の地域が期待されているのかということを感じ、とても興奮しました。

このパネルトークの最後には、『寅さんの似合う里』という題で講演された、選定委員長である映画監督の山田洋次《やまだようじ》さんも登壇し、パネルトークの感想を語り、会場から事前に集めた質問に答えてくれました。その際、とても面白い回答がありました。質問は「どうしたら今回紹介されたような地域のように多様な生態系が保全できるのでしょうか」といった主旨でしたが、それに対して山田さんは「そういうことは、こちらで聞きたいのです。皆さんで考えてください」と、実に簡単明瞭に答えられていたのです。

この回答は、現在話題になっている「思考停止」社会への批判が込められていたのだと思います。自分の地域の問題は自分で考え、自分で解決していかなければならないのに、他人任せ、行政任せの傾向が日本社会に蔓延《まんえん》しているように私も感じます。平泉の世界文化遺産運動も、それが自分たちにとってどういう意味を持つのかを議論することなく、ただ「お祭り騒ぎ」をしていたように思います。これはまさに思考停止そのものではないでしょうか。

ひるがえって、わが久保川イーハトーブ世界を考えてみると、残念ながらこれだけの素晴らしい景観と生物多様性を持っていても、地域の人たちにとっては、それは当たり前の光景でしかありません。「にほんの里一〇〇選」に選出されても、地域の人からの反応はほとんどありませんでした。それならば、「自分たちが暮らす地域は、世界からも注目されるほど魅力的なんだ」ということを、科学的な知見も踏まえて示していくことによって、まずは認知してもらわなければならないでしょう。そして、徐々にその素晴らしさを活かした地域活性化にまで持っていきたいと考えています。

例えば、久保川イーハトーブ世界でつくられる米を、低農薬低肥料で、かつ生物多様性の豊かな棚田でつくられたものとして付加価値をつけることができればどうでしょう。生産者である地域の人たちがその意識を強く持つこと、そして消費者である皆さんにその価値を理解し

図6-6　久保川イーハトーブ米づくりの取り組み

てもらうことができれば、それは十分可能なことだと思っています。現在、そのような米づくりを試行中ですが、うまくいけば、それは生物多様性の保全につながるだけでなく、地域の活性化にもつながっていくでしょう。

このような考えは、私が「久保川イーハトーブ自然再生事業」以前から行ってきた活動でも同じことです。樹木葬墓地は、現在でもその契約者の多くが首都圏の方ですが、東京で評判になって実績がつかないと、地域の人は認めてくれません。そのため私が期待していたのは、ブーメラン効果なのです。そのブーメランは、そろそろ地元に戻ってきているようです。地元からの樹木葬墓地契約者の増加は、私の活動を理解してくれる人が、徐々に多くなってきている証拠とも言えます。

「修証一如」の精神で、これからも楽しみながら

こういった活動を広げていくためには、理念はもちろん大切ですが、一番重要なのは、私自身が楽しんで行うことだと思っています。それは言わば、地域の持つ気（ケ）を多くの人に感じ取ってもらうことです。そういった気（ケ）、あるいは雰囲気を感じ取り、同調してくれる人たちが増えていくことで、その活動は確固としたものになっていくはずです。

私は、これまで脳内出血や脳下垂体腫瘍などを患い、体中にメスが入っていますし、高齢者の域にも入ってきました。もう、あれもこれも、すべてに携わることはできません。それで二年後に祥雲寺と知勝院の住職を引退して後継者に引き継ぎ、「久保川イーハトーブ自然再生研究所」の活動に専念する予定です。寺を後継者に任してしまうことで、檀家や信者の方に不満が出てくるかもしれませんが、それもひとつの時代の流れですし、いつまでも自分のやり方がいいということでもないでしょう。縁は、時代とともに変わっていくわけですから。そして、私が感じてきたような気づきを後継者にも感じてもらい、樹木葬墓地をはじめとした様々な活動を、より良いものにしていってもらいたいと思います。

図6-7　後継者の英俊副住職と共に。後継者には後継者のやり方で、様々な活動をより良いものにしていってもらいたい

仏教には「修証一如《しゅしょういちにょ》」という言葉があります。証《しょう》（悟り）というのは、何か特別な姿があるのではなく、修行をしている姿そのものに悟りに通じるものがあるという考え方です。現在は、私が望んでいる地域の姿には、まだほど遠い状態ですが、だからと言ってそのことを嘆くのではなく、また外からの評価に振り回されることなく、活動していること自体を楽しんでいければ、そこから望ましい姿が生まれてくるでしょう。これからも、生きている以上は少しでも気づきを増やしていきたいと思っています。

あとがき――わたしの夢

五十代のとき、大学院に入り直す夢をしばしば見ました。どこの学部かは定かではありません。ユングの説に依らなくても、私自身の欲求不満がそうさせたことは明らかでした。当時の私は短大で教師をしていましたが、祥雲寺に片足を置いていたために、五山文学の研究を十分にできなかったこと、また、博士課程を中退したことなど、いろいろな原因が考えられます。ところが、還暦を過ぎてから、そのような夢を見なくなりました。老齢化はすべてについて意欲を削ぎがちなので、晩年の孔子が「夢に周公を見なくなった」と嘆いたことに通じるのでしょうか？

私の夢は母親抜きに考えられません。母は教育熱心でした。私は教えられたことが理解できずに、泣いたことも覚えています。後に思い返したとき、それは算数で二学年上の内容でした。昭和二十年代は、たいていの家が貧しい時代でした。そのうえわが家では、頼るべき檀家自体が少なく、寺の生活はたいへんだったのだろうと思います。このような生活苦の状況では、息子を僧侶にする気にはならなくて、学問で身を立てさせようとしたのでしょう。学ぶことを欲する私の夢は、母が貧しさと苦闘した思い出と重なるのです。

母は小学校二年生のときに亡くなりました。その後は、家庭教師的な母がいないため、好きな運動と科学小説を読むほかは、勉強はほとんどしなくなってしまいました（数学を除いて）。高校に入る直前まで、大学が四年制であることも知らなかったくらい、受験勉強とは無縁の義務教育を送っていたのです。高校、大学浪人のときも、嫌いな国語、英語はほとんど勉強しませんでした。得意な数学、物理で点数を取ればよいと考えていました。得意科目から言えば当然理科系で、工学部を受けようと考えていたのですが、理科系を受験するために必要なもう一科目の化学が、どうしても好きになれませんでした。ここで生物や地学を選択すれば良かったのですが、当時の私は若気の過ちで、これらの科目を考えることが少ないレベルの低い学問だとみなし、学ぶ対象から外していたのです。化学が嫌いなため、いつの間にかコースを間違えて（?）文化系の道を歩みました。

思い返せば、理科系の研究をしたいという気持ちが心の根底に残っていたのでしょう。一九九五年から始めた市民運動「北上川流域連携交流会」での千葉喜彦氏との出会いは、受験勉強の生物とは異なる「生態系」という視点が、いかに科学的であるかを教えてもらいました。彼と久保川イーハトーブ世界で活動しているうちに、早く専門家を呼び込まないとこの地域の素晴らしさは保全できない、そのためには鷲谷いづみ教授にお出ましをいただかなければならない、という結論に達しました。

それが実現してからの千葉喜彦氏は、より燃える男になりました。そして私も、続々と久保川イーハトーブ世界にやって来る若い研究者たちに刺激され、かつての研究者魂が揺り動かされてきたのです。現在、私の気持ちは若者たちと同じ保全生態学研究室の一員なのです。きっと、現在のこうした環境が、大学院に再入学するという夢を見させなくしているのでしょう。

千葉喜彦氏との出会い、鷲谷いづみ教授との出会い、そして、東京大学保全生態学研究室関係の須田真一、角谷拓、西廣淳、大谷雅人、西原昇吾、出口詩乃、宮崎佑介、関崎悠一郎各氏との出会いと、これらの方々との調査研究によって、久保川イーハトーブ世界の活動は、もはや睡眠時の夢ではなくなりました。さらに、日本ユネスコ協会連盟による「未来遺産」の登録は、この地域の美しい自然と文化を「百年後の子どもたちに伝える」という明確な夢を与えてくれました。この夢を実現させることは、すなわち地域を豊かにするということにもなるはずです。

また、私はこのような夢を語ってみたいと考えるようになり、鷲谷教授に相談をしたところ、地人書館の塩坂比奈子氏を紹介してくださいました。これまで、樹木葬というと墓地関係のマスコミ、出版社しか関心を持ってくれなかったのですが、科学関係の書物を出版している地人書館が理解を示し、出版にこぎ着けてくれたのは誠に感謝に堪えません。文章整理では村田央氏、写真提供ではおけだたいち氏に多大なご協力をいただきました。また、鷲谷いづみ教授には、お忙しいなかご寄稿をいただき、誠にありがとうございます。感謝申し上げます。

最後に、走り始めたら止まらない私の性分を理解し応援してくれる妻・正子と家族、祥雲寺役員と祥友会、知勝院支援者に心からお礼申し上げます。

二〇一〇年二月

千坂嵃峰

／ p.53・図 2-16、図 2-17 ／ p.55・図 2-18 ／ p.59・図 3-1 ／ p.63・図 3-3 ／ p.64・図 3-4 ／ p.66・図 3-5 ／ p.68・図 3-6 ／ p.69・図 3-7 ／ p.71・図 3-8 ／ p.74・図 3-10、図 3-11 ／ p.81・図 3-13 ／ p.92・図 4-1、図 4-2 ／ p.94・図 4-3 ／ p.98・図 4-5 ／ p.101・図 4-7 ／ p.102・図 4-8 ／ p.105・図 4-10 ／ p.106・図 4-11 ／ p.107・図 4-12 ／ p.108・図 4-13 ／ p.109・図 4-14 ／ p.112・図 4-16 ／ p.118・図 5-4（モリアオガエルの卵、ハッチョウトンボ）／ p.119・図 5-5 ／ p.120・図 5-7 ／ p.122・図 5-9 ／ p.123・図 5-10（チゴユリ）、図 5-11 ／ p.125・図 5-12 ／ p.126・図 5-13 ／ p.127・図 5-14 ／ p.128・図 5-15 ／ p.129・図 5-16 ／ p.130・図 5-17 ／ p.131・図 5-18 ／ p.132・図 5-19（ノコンギク、サワギキョウ）／ p.134・図 5-21、図 5-22 ／ p.139・図 5-26 ／ p.140・図 5-27 ／ p.159・図 6-2 ／ p.163・図 6-3 ／ p.165・図 6-4 ／ p.167・図 6-5 ／ p.169・図 6-6 ／ p.171・図 6-7

出口詩乃：p.51・図 2-14（ヤマルリソウ、エイザンスミレ）／ p.117・図 5-3（バイカモ）／ p.119・図 5-6 ／ p.123・図 5-10（キクザキイチゲ）／ p.132・図 5-19（センブリとアキノキリンソウ）

西廣淳：p.138・図 5-25

宮崎佑介：p.116・図 5-2（シナイモツゴ♂♀、ギバチ）／ p.120・図 5-8

村田央：p.20・図 1-2 ／ p.22・図 1-4 ／ p.26・図 1-8（ナツハゼ、ウメモドキ）／ p.30・図 1-10 ／ p.31・図 1-11- 下 ／ p.37・図 2-1- 下 ／ p.40・図 2-3 ／ p.42・図 2-5 ／ p.45・図 2-8 ／ p.49・図 2-12 ／ p.51・図 2-14（サクラソウ）／ p.98・図 4-4 ／ p.115・図 5-1 ／ p.133・図 5-20 ／ p.137・図 5-24

山崎誠：p.111・図 4-15

Martin Röll（パブリックドメイン）：p.72・図 3-9

●本文イラスト

神谷京：p.79・図 3-12

とださちえ：p.15・久保川イーハトーブ世界の地図

●カラー口絵レイアウト

小玉和男

写真・イラスト提供者一覧（五十音順）

●カラー口絵写真

大谷雅人：p.13・ハルザキヤマガラシ

おけだたいち：p.3・シラヤマギク／ p.4 ～ 5 の全部／ p.8・カキラン、サギソウ／ p.8-9・ニッコウキスゲ／ p.9・オゼイトトンボ、ハッチョウトンボ／ p.10-11・実りの秋／ p.13・ウシガエル

知勝院（千坂荘憲、菅原寿）：p.1・樹木葬墓地林内／ p.2・ホツツジ、シュンラン／ p.3・著者と遺族、ヤマツツジ／ p.6・ミスミソウ、ヒトリシズカ、オウレン、ヤマツツジ／ p.7 の全部／ p.8・ネジバナ、ホウチャクソウ／ p.9・チダケサシ、オカトラノオ、ニホンアマガエル／ p.10・リンドウ、キキョウ／ p.11 の全部／ p.12・人工林／ p.13・フランスギク、オオハンゴンソウ／ p.14 の全部／ p.15・ウシガエルの除去、サクラソウ群落、ニッコウキスゲ／ p.16・ホタルの乱舞

出口詩乃：p.6・ヤマルリソウ／ p.10・アキノキリンソウとセンブリ

西廣淳：p.13・アレチウリ

村田央：p.2・樹木葬墓地入り口、四阿、ツリバナ／ p.3・ナツハゼ／ p.12・笹藪化した里山／ p.13・休耕田と管理放棄された人工林／ p.15・クラムボン広場

●本文写真

おけだたいち：p.41・図 2-4 ／ p.100・図 4-6 ／ p.104・図 4-9 ／ p.116・図 5-2（メダカ）／ p.117・図 5-3（ジュンサイ、ヒツジグサ）／ p.118・図 5-4（オゼイトトンボ）／ p.157・図 6-1

須田真一：p.60・図 3-2 ／ p.118・図 5-4（トウキョウダルマガエル）／ p.135・図 5-23

知勝院（千坂荘憲、菅原寿）：p.19・図 1-1 ／ p.24・図 1-7 ／ p.26・図 1-8（ミヤマガマズミ、エゾアジサイ、ヤマツツジ）／ p.28・図 1-9 ／ p.31・図 1-11- 上／ p.37・図 2-1- 上／ p.38・図 2-2 ／ p.44・図 2-6、図 2-7 ／ p.46・図 2-9 ／ p.47・図 2-10 ／ p.48・図 2-11 ／ p.49・図 2-13 ／ p.51・図 2-14（ミスミソウ）／ p.52・図 2-15

著者紹介

千坂嵃峰（ちさか・げんぽう）

1945 年、宮城県生まれ。東北大学文学部卒業、東北大学大学院文学研究科博士課程中退後、聖和学園短期大学（仙台市）教授を経て、2008 年、同短期大学特任教授を退任。1984 年より岩手県一関市祥雲寺（臨済宗妙心寺派）住職。2006 年、樹木葬墓地（1999 年開創）を管理する知勝院が宗教法人として認証され、知勝院住職を兼務して現在に至る。

祥雲寺は仙台藩の支藩、一関藩 3 万石・田村家の菩提寺。田村家は江戸屋敷で浅野内匠頭が切腹するなどの歴史と関わりがある。このため、住職となってからは、歴史を生かしたまちづくりに奔走。平泉の「柳之御所遺跡」保存運動以来、北上川を中心とした流域のあり方に注目。この活動から、日本初の「樹木葬墓地」が生まれた。

中学生時代は陸上（100 メートル走、走り幅跳び）の選手で、その他、卓球、野球などを行ったが、どちらかというと一人で行動することを好んだ。そのため、中学生時代からよくバイクで一人で外に出かけ、大学生以降も一人でのツーリングを趣味とした。49 歳で脳溢血を発症してからは、健康のため一人で須川岳（別称・栗駒山）に登ることを趣味とするようになる。

大学生時代から囲碁を始め 30 代まではかなり集中した。五段の免状を持つが、30 年以上もやっていないので、2 目以上は弱くなっているはず。ただし、囲碁を通して大局観の重要さ、戦略と戦術の組み立て方などを学び、これが現在の地域づくりに役立っている。

また、小学生高学年以来、大洋ホエールズ（現・横浜ベイスターズ）のファン。秋山登、権藤正利、平松政次、遠藤一彦、斉藤明夫、佐々木主浩など金持ち巨人を打ち破る投手陣、近藤和彦、シピンなど独特の個性ある打者を応援した。東北地方ではほとんどの人が巨人ファンだが、マスコミに影響されて漫然とファンになる人を冷ややかに見ていた。久保川イーハトーブ世界のように、良さが知られていない所を世に出すことに喜びを感じるのはアンチ巨人で育ってきたせいであろうか。

著書：『五山文学の世界—虎関師錬と中巌円月を中心に』（白帝社、2002 年）、『樹木葬を知る本—花の下で眠りたい』（共編、三省堂、2003 年）、『樹木葬の世界—花に生まれ変わる仏たち』（編著、本の森、2007 年）など多数。

樹木葬和尚の自然再生

久保川イーハトーブ世界への誘い

◆

2010年3月31日　初版第1刷

著　者　千坂嵃峰
発行者　上條　宰
発行所　株式会社 地人書館
〒162-0835　東京都新宿区中町15
電話　03-3235-4422
FAX　03-3235-8984
郵便振替　00160-6-1532
e-mail　chijinshokan@nifty.com
URL　http://www.chijinshokan.co.jp/

◆

編集協力　村田　央
印 刷 所　モリモト印刷
製 本 所　イマヰ製本

◆

ISBN978-4-8052-0823-6 C0045